函館山花しるべ

藤島 斉

北海道新聞社

函館山 花しるべ もくじ

はじめに

函館山って歩いて登れるの？　このせりふをこれまで何度聞いたことだろう。北海道外からの旅行者はもちろんのこと、道内在住者、時には函館市内に住む人でさえ、同じ言葉を口にすることがある。それはつまり、函館山は100万ドルの夜景を見るための「展望台」であり、一般的には登山やハイキングが楽しめる場所と認識されていないということではないだろうか。かく言う私もそう考えていた一人だった。

1年間だけこの街で暮らしてみようと、生まれ育った埼玉からやってきたのがとある年の暮れ。日課としていた朝の散歩中に登山道の存在を知るものの、その時にはせいぜい道幅の広いけもの道がある程度だろ

うと気にも留めなかった。程なく、街なかで桜が咲き始め、山の花の一つや二つでも咲いていればラッキーだなと函館山を歩いてみたのだが、これがとんでもなかった。そこで私を待っていたのは「山野草の女王」の異名を持つシラネアオイの花。存在こそ知っていたが生で見るのは初めてで、「あれ？ え？ うそ！」と、認識するまでに数秒かかった後、「実在するんだぁ！」という感動が、遠くに落ちた雷の音のように、じわじわと伝わってきたのを覚えている。

その日以来、朝の散歩で街を歩くことはなくなり、代わって次の日も、そのまた次の日も函館山を歩くようになった。春になったばかりだったこともあり、ほぼ日替わりで新たな花に出合うのだが、それがいちいちエース級の花々で、この山ちょっとおかしいぞ、とすぐに単なる街の裏山ではないことに気づくことになる。そして数日

後には、今日はどんな花に出合えるのだろうかとすっかりのめり込んでいたのだった。

　幸運だったのは、初めて見る花であってもその名を教えてくれる花好きな人が周囲に多かったことだ。早朝から夕方まで、函館山を歩いて人に会わない日はなく、立ち止まっている登山者の視線の先にはいつも花が咲いていていた。何の花かと尋ねれば、花の名前と併せて、「今年は早く咲いたわね」「チョウがよく集まるのよ」「雌しべの形が特徴的でね」と、その楽しみ方を添えてくれる花好きたちのおかげで、次々と花の名前を覚えることができ、あの会話がなく一人で図鑑を眺めるだけだったら、いまだに函館山に咲く花の半分も覚えていなかっただろう。

　こうして、私にとっての函館山は、展望台から「花の宝箱」として上書きされたが、

いまだに多くの人にとっては展望台として認識されている。なんともったいない話だろうか。そこで、函館山が花の山であることを知ってもらうきっかけになればと思い、一冊のフォトエッセーをまとめることにした。紙幅の都合もありすべての花を網羅するには足りないが、季節ごとに紹介する花とその逸話は、きっとあなたの中の函館山像を変えるだろう。巻末には函館山に整備されている散策コースと各コースの特徴を紹介したので、持参してコースを巡るもよし、読んでから巡るもよし、皆さんが函館山を歩く際の参考になれば本望。そう、つまり冒頭の質問の答えは「イエス」である。

それでは出発しましょう。ようこそ、花の函館山へ。

2021年 春

本書について

・本書掲載の草本、樹木の和名、科名および学名の表記は、原則として梅沢俊著『北海道の草花』（北海道新聞社、2018）並びに『改訂新版 日本の野生植物1～5』（平凡社、2015～17）に倣いました。また菌類に関して、同様に和名などは、主に幸徳伸也氏運営サイト『日本産きのこ目録2020』(http://koubekinoko.chicappa.jp/) などを参考。いずれも学名中の命名者は省略しています。

・和名の漢字表記は、諸説あるものもありますが、代表的な知られていると思われるものを掲載しています。

・巻末の「登山コース紹介」に掲載した地図の製作に当たっては、函館市土木部の協力をいただきました。

咲き初める

春

ヤマネコノメソウ

ユキノシタ科
Chrysosplenium japonicum

山猫目草

登山道彩る春一番の仲間

函館山登山口に向かう途中、民家の庭先でパンジーの花を見かけた。黄色い花の中央には黒い模様が入り、それが人の顔に見えることから「人面草」と呼ばれたのは江戸末期の話。原産地のヨーロッパでは、模様の形から「ネコの顔」の別称もあり、パンジーを初めて見た植物学者が、「庭からネコが見てる」とつぶやいたという逸話も伝わる。

そんな話を思い出しつつ、登山口に到着。顔なじみの面々と、雪解けの進む登山道を歩き出す。「函館山で春一番に咲く花って何かしら」と、不意に誰かが話題を振る。思い思いに花の名を挙げる一同の前に、ヤマネコノメソウの花が現れた。おや、ここでもネコの登場か。そういえば今日2月22日は、ニャンニャンニャンでネコの日だったな。

キク科

Petasites japonicus var.giganteus

アキタブキ

秋田蕗

とうが立っても美味？

　春の気配が漂い出した函館山で、野鳥のアカゲラが木を叩く音が響いていた。トコトコトコ。経験的にこの音が山に響くと、函館山ではフキの花が咲き始める。いわゆるフキノトウだ。カリフラワーのような丸い頭は小さな花が集まったもの。ひと月ほどで成長し、1《メートル》以上伸びた茎の先にタンポポのような綿毛の種をつける。

　旬を過ぎたもののことを「とうが立つ」と表現する。「とう（薹）」とはフキノトウを指し、硬くおいしくないと言われているが、花より団子派の仲間が、じつはおいしいと教えてくれた。もしかしたら、おいしさを秘密にしたい先人が、乱獲を防ぐために評判を落とす言い方をしたのかも。フキノトウを見る目が変わりそうだ。ちなみに函館山では、植物の採取は禁止です。

福寿草

フクジュソウ

キンポウゲ科
Adonis ramosa

早春の日差しを一身に

別名を報春草、黄金花、賀正蘭とくれば「ああ、あの花のことね」と、ピンと来る人も多いだろう。旧暦の元日のころ花開く縁起の良さにちなみ「福」、咲いている時期が長いことから長寿の「寿」の字をもらい、ついた名前が「福寿草」。まだ肌寒い早春、優しく降り注ぐ日差しの中で咲く姿を思い浮かべ、いま一度この名を眺めると、なるほど納得の命名である。

おわん型の花姿は、日光を花の中央に集めるための形状だとか。試しに温度計で測ってみると、確かに中央部は周囲に比べ3度ほど温かい。温かさで虫を呼び、受粉を手伝ってもらう作戦か。

1月1日の誕生花とされるが、函館山で咲くのは、早い年でも3月上旬。まだ2週間は先だと知りつつ、どうにも待ちきれず今日も期待を胸に山へと向かう。

キンポウゲ科
Anemone pseudoaltaica

キクザキイチゲ(白)

菊咲一華

うつむいて咲く一輪

函館でしばしば「イチリンソウ」の名で呼ばれるこの花。実は同名の花は別にあり、人づてに聞く花情報がどちらの花を指すのか、度々混乱する。

花弁に見える萼片《がくへん》の数は8~10枚が基本で、時に20枚を超す目立ちたがり屋も。シンプルな花の形は、思春期の乙女なら「好き、嫌い」と、恋の行方を占ってみたくなるのではないだろうか。

早春に咲く花には、大きな花を一輪だけつけるものが少なくない。日光を受け成長する植物にとって、春の淡い日差しでは、花を一輪咲かせるのが精いっぱい。ならせめて大きく目立つ花で、受粉を手伝ってくれる虫を呼ぼうということかもしれない。花が重いのか、うつむき気味に咲く早春の花々。その姿は恥じらいがちに目を伏せる少女のようで、一層可憐《かれん》に見えてくる。

東華

南風に吹かれ美しく

アズマイチゲ

キンポウゲ科

Anemone raddeana

お向かいに住むギャラリー店主からイギリスのことわざを教わった。「3月の風と4月の雨が美しい5月を作る」。フランスやスペイン、日本にも同じようなことわざがあるそうだが、日本版のそれには冒頭に「2月の雪」のおまけがつく。

雪、風、雨と順調に推移する函館山でアズマイチゲの花を見つけた。キクザキイチゲによく似た花。属名のAnemone（アネモネ）はギリシャ語で「風」を意味する「anemos」が語源。その花には、風が吹くと花を咲かせるという言い伝えがある。

春の訪れを告げる南からの風が早かった今年は、例年より2週間ほど花の動きが早い。4月に入ったばかりでこの花の数である。5月の山は美し過ぎやしないかと、雨が降るたびに心配になる。

キンポウゲ科
Anemone pseudoaltaica

キクザキイチゲ(青)

1カ所に群生 理由は…

菊咲一華

薄紫色のキクザキイチゲが咲きだした。函館山では9割以上が白い花を咲かせるが、以前、青森からの旅行者が、実家の津軽では青花の方が多いと話していた。

全国的には西に行くほど白が多く、日本海側の豪雪地帯では青が優勢になる傾向があるという。函館山を囲むのは津軽海峡。同じ海に面した山なのに、函館山で青花が群生するのはここ1カ所。なぜここだけ青くなるのか謎である。

函館山に立つ箱館戦争の慰霊碑「碧血碑《へっけつひ》」の案内板に、次の一文がある。「忠義を貫いて死んだ者の流した血は、三年経《た》てば地中で宝石の碧玉《へきぎょく》と化す」。そうか、ここだけ花が青いのは、夢半ばで散った若き志士たちの…。海峡越しの津軽半島を眺めながら、頭の中で物語が始まる。

ナニワズ

ジンチョウゲ科
Daphne jezoensis

難波津

北国の春 訪れ告げる

〈難波津に　咲くやこの花　冬ごもり　今は春べと咲くやこの花〉。難波津に春がきたことを歌ったという「難波津の歌」。その名を冠する花が今年も黄色い花をつけ始めた。

歌に詠まれた難波津とは、現在の大阪市中央区付近にあったとされる当時の物流の一大拠点の名。いにしえの地名と目の前の可憐《かれん》な花との接点がなかなか見つけられない私に、「春の訪れを教えてくれる花という意味では？」と教えてくれる花仲間。なるほど、北国では雪解けの進んだ地面からまず顔を出すのがこのナニワズだ。花が咲いて春を知らせる、という歌の意味が冒頭の「難波津」に集約され、花の名になったのだろう。北上すれば別の花をナニワズと呼ぶ地域があるかもしれない。あなたの街のナニワズはどんな花？

黄花甘菜

キバナノアマナ

ユリ科

Gagea nakaiana

春の始まり 前途洋々

　昨年よりも早いペースで花が咲き出しているが、出てくる順番は毎年ほぼ同じなのが興味深い。この日現れたのはキバナノアマナだった。「また黄色い花ね」。ヤマネコノメソウ、フクジュソウ、ナニワズ。なるほど、同行者の言うとおり、黄色い花ばかりである。寒の戻りで雪が降っても目立つように黄色いのかな。そう推理する私の言葉に、「消火栓と同じね」とは、黄色い消火栓が標準の函館の人らしい反応である。

　名前の由来になったとされるアマナの花色は白。古い時代にはチューリップと同じ属に分類された。そんな話を小学生の頃、理科の先生に教わった。卒業式の日、黄色いチューリップをいただいたが、あれはきっとキバナノアマナの代わりだったのだろう。花言葉は「前途洋々」。間違いない。

コジマエンレイソウ

シュロソウ科

Trillium smallii

小島延齢草

長寿を祝う愛らしさ

松前沖に浮かぶ渡島小島。無人島となって久しいが、春の函館山を代表する花、コジマエンレイソウにその名を残す。学名のTrilliumは「3」を意味し、葉や花弁、萼片《がくへん》が3枚ずつつくことに由来する。ところが、葉と萼を4枚持つものを見る機会に恵まれた。四つ葉のクローバーならぬ、四つ葉のエンレイソウだ。幸運を呼ぶという話は聞かないが、珍しい姿を見られた時点で既に幸せ者だろう。

一説に、開花するまでに15年掛かると言われるこの花。平均寿命が現代の半分にも満たなかった時代、長生きをしないと花が見られないことにちなんで「延齢草」の字が当てられたという話がある。焦《じ》らし上手というのか、焦らされれば焦らされるほど、愛らしくさえ思えてくる。

馬杉苔

ウマスギコケ

スギゴケ科

Polytrichum commune

木の根元に不思議な世界

「木があくびをする」。俳句をたしなむ友人が、聞き慣れぬ言葉を教えてくれた。春の近い雪国では、お日さまに温められた木の根元の雪が溶け、ぽっかりと穴が空く。その様子を「あくび」と表現するそうだ。

雪解けが進む函館山を歩くと、あちこちであくびの跡が目に留まる。人間の世界と同様、樹木の世界もあくびは次から次へとうつっていくようだ。

穴をのぞくと、コケがへばり付いていた。コケからは胞子が伸び、先端には通称「コケの花」を咲かせている。まさか大あくびの中に、海の底に似た世界が広がっていたとは。その光景を見て「ねっぱってるねぇ」と声を上げる同行者。ねっぱるとはこういう時にも使える言葉なのか。なかなか使いこなせない函館の言葉を学ぶ場。私にとって函館山は、そういう山でもある。

ツノハシバミ

角榛

カバノキ科 *Corylus sieboldiana*

枝先にイソギンチャク

「観音コースでイソギンチャクが出たわよ」。え、海にいるあれ? メールの主に確認すると、イソギンチャクのようなツノハシバミの雌花が咲いたのだという。早速教えられた場所へ向かい、山道を登り下りすること3往復。だが、樹木の花に疎い私になかなかイソギンチャクが見つけられない。目印は赤みがかったタコの足のような雄花。今度はタコときたか。海の中じゃあるまいし…。ぼやきながら4往復目を踏み出すと、細い木の枝に、細長い雄花序が垂れ下がっているのに気が付いた。その姿は確かにタコの足。続いて、枝先にささくれがあるのが目に留まる。これか。長さはわずか2~3ミリ。想像以上に小さいが、にょろっと伸びる赤い柱頭はまさしくイソギンチャクだ。

いやぁ、海中調査並みに息の切れる山歩きだった。

蝦夷延胡索

エゾエンゴサク

ケシ科 *Corydalis fumariifolia subsp. azurea*

青い鳥も見間違い求愛？

「子供の頃、花を摘んで蜜を吸って遊んだわ」と話す近所の母さんは、花を摘むと雨が降るからエゾエンゴサクのことを「雨降り花」と呼んでいたという。この俗名、キクザキイチゲやニリンソウなど、地方によって対象となる花が異なる。可憐《かれん》な花を守るために生まれた迷信なのだろうが、「遠足の前には摘まないようにして、特に気を付けたわ」と言うから、てるてる坊主並みの効果はあったとみえる。

　小鳥に似た花の形から「トット」と呼ぶ地域もある。属名の「コリダリス」はヒバリを意味し、こちらも花の形が由来となった名だろう。ここ数日、美しい鳥のさえずりで目が覚める。朝日を浴び全身が青く輝く美しい鳥なのだが、ひょっとしたら、エゾエンゴサクを仲間と見間違い、懸命に求愛しているのかも。

一人静……ヒトリシズカ

センリョウ科 *Chloranthus quadrifolius*

最愛の義経に寄り添って

函館山の中腹に、北海道最古といわれる神社がある。かの源義経が立ち寄ったとも伝えられる神社だ。ふと思い立ち、お参りをしてから山へ行くと、ヒトリシズカの花が咲いていた。「一人静」の字が当てられる名は、義経の恋人静御前に由来するという。吉野の山で生き別れた義経への思いを命がけで舞った静御前。その姿と、可憐《かれん》な花姿とを重ねての命名だろう。名前に反して10株、20株と大人数で咲くことも多いが、義経を慕う心の現われと思えば自然な成り行きか。

後に義経は大陸へと渡り、チンギスハンになる…と伝説は続く。一方、義経を追った静御前も現在の乙部町まで来るが、あと一歩のところで再会を逃す。その後、静御前はどうなったか。この花が朝鮮半島にも分布するところを見ると、後を追ったに違いない。

車葉草
クルマバソウ
アカネ科
Galium odoratum

枯れてサクラの香り

ふと、どこからかサクラの香りが漂ってきた。辺りを見回すと、クルマバソウが目に留まった。

学名のオドラツムは、「香りのいい、芳香のある」という意味を持つ。どうやらクルマバソウの葉に含まれるクマリンという成分が、さっきのサクラの香りの正体らしい。ヨーロッパではワインやビールの香料として使われ、日本でも最近は、サクラの香りのするビールとしてクマリンが利用されている。

乾燥や凍結して細胞壁が壊れることで香るクマリン。よく見れば、周囲には枯れて冬を越したクルマバソウが点在していた。

不意に、どこからともなく風花が舞い始めた。早春の柔らかい日差しを受ける雪は、クマリンのサクラ香も手伝い、まるで桜吹雪のようだった。

ニリンソウ

二輪草

ようやくの春の到来

キンポウゲ科
Anemone flaccida

元町の聖ヨハネ教会の庭にヒナギクの花が咲きだした。「一度に九つのヒナギクの花を踏んだら春が来た証拠」とは、英国の古いことわざ。「もう春か」「今度こそ」と疑うことにいい加減飽きた頃だが、足元のヒナギクを見る限り、これでようやく春のお出ましか。

外国生まれのヒナギクを函館山で見ることはないが、同じようなタイミングで大量に咲くニリンソウなら一度に九つ…の代役も務まりそうだ。

山菜としても知られ、樺太アイヌの人々は、ホウレンソウよりもおいしい野草として好んで食べたという。猛毒のトリカブトと間違えないように、花が咲いてから摘んだそうだが、山菜の達人であるアイヌ民族の人々でさえこの念の入れようだ。山菜好きのみなさん、ぜひ見習われたし。

緑二輪草

ミドリニリンソウ

キンポウゲ科
Anemone flaccida f. viridis

ウメの形に見える模様

ニリンソウの花園を歩いていると、後続の花仲間から声が上がった。「あら、緑色。ウメの花みたい」。その声に、花の外側の萼《がく》が緑色をした緑萼梅の花を思い浮かべたが、函館山にはなかったはず。振り返ると、皆そろって足元のニリンソウに目を向けている。通常は白い花だが、まれに緑色の花を咲かせることがある。花の一部が緑だったり、全体が緑だったりとさまざまで、総称してミドリニリンソウと呼ばれる。

葉が保護色となって見つけにくいが、大人数だと誰かしらが見つけてくれる。花の先が切れ込んだものを昆虫の羽ばたく姿に例える人、全体が緑色のものを鳥の羽ばたく姿に例える人、全体が緑色のものを昆虫に例える人、2輪咲く姿を恋人同士に見立てたり、3輪咲いたものを〝不倫草〟と命名する人まで現れることの日の観察会。大人数での活動は学ぶことが多い。

カタクリ

片栗

ユリ科

Erythronium japonicum

早咲き 秘密は石垣に

早春の花を見に行こう。雪解けも順調に進んでいるので、うまくすれば4、5種類の花を見ることができるだろう。期待を胸に旧登山道入り口の駐車場に来てみると、植え込みにカタクリの花が咲いていた。

「え、もうカタクリが咲いているの?」。まだ2週間は先のことだと思っていたが、まさかこんなに早く出合えるとは。早咲きの秘密は、植え込みの石垣。日差しを受けて温まった石垣が、周囲の土を温めて植物の育成を促すのだ。静岡県に石垣の放射熱を利用して栽培する石垣いちごという特産品があるが、こちらはさしずめ「石垣カタクリ」と言ったところか。

花が咲くまでに8年かかるというこの花。やっと咲いたのに、排気ガスまみれではなんとも忍びない。駐車場を利用する際は、ぜひ前向き駐車でお願いします。

山荷葉

サンカヨウ

メギ科

Diphylleia grayi

雨にぬれ透けて美しく

オタク系の旧友から、サンカヨウという花を見たいのだが知っているか、と連絡があった。インターネットの投稿サイトで、雨にぬれたサンカヨウの花が話題になっているという。随分とマニアックな話だ。サイトを確認してみると、通常は白いサンカヨウの花弁が、水分を含んで透明になっている。クリスタルフラワーとでも名付けたくなるその美しさに、出不精の友人が「見てみたい！」と連絡してきたのも無理もない。

函館山でこの花が見られるのは、ゴールデンウイーク前後の1週間ほど。今年はタイミングよく雨が降り、傘をさしつつ4、5回通ったが他にも条件が必要なのか、すりガラス状の花に出合うのがやっとだった。天気の神様、来年は雨の日を多めにして…なんていったら、連休を楽しみにしている人に怒られるかな。

シラネアオイ

キンポウゲ科
Glaucidium palmatum

白根葵

「女王」凛と美しく

関東平野のど真ん中で野の花を見てきた私にとって函館山は、図鑑でしか見たことのない花に会える山でもある。例えば、朝日の中に突如現れた山野草の女王シラネアオイ。生涯初の出合いに震えながら、凛《りん》としたその姿を夢中で写真に収めていたのを覚えている。寝ぐせ頭で顔も洗わず、寝起き同然の身なりで遠慮なくカメラを向けるとは、女王様にはとんだご無礼を働いた。日光白根山の名を冠し、山男たちが「女王に会いに行く」と、数時間かけ会いに赴くほどの幻の花である。無礼な振る舞いもご理解いただけるだろう。

函館山では登り始めて5分もしないうちに1人目の女王に謁見《えっけん》できる。なかには小さな「女王1年生」の姿もあり、登山者の目を楽しませてくれるサービス精神旺盛な女王たち。花言葉は「完全な美」。

ガマズミ科

Adoxa moschatellina var. moschatellina

レンプクソウ

連福草

フクジュソウの根に絡む

「先生、今度レンプクソウの話を書いてください」

恥ずかしながら、先生と呼ばれることが時々ある。少女のように潤んだ瞳のお姉さまに頼まれて半年、その花が満開になった。結構な重圧だ。普段は気軽に撮っている写真も〝少女〟が待っていると意識しただけで、アングルに四苦八苦。文章もいつもみたいにおちゃらけていられない。よし、レンプクソウ科がなくなってガマズミ科に分類されるようになった話にしよう。いや、フクジュソウの根に絡み付いてきたことが「連福草」の名の由来になった話がいいか。まてよ、別名の「五輪花」にかけてオリンピックの話にするか。いやいや、五輪なら宮本武蔵の『五輪書』がいいか、などと五里霧中。あらら、結局ダジャレで締めるとは…。「先生」返上します。

スズラン

クサスギカズラ科

Convallaria majalis var. manshurica

鈴蘭

恥じらい寄り添う 葉の影

教会の並びにあるギャラリーの玄関先で、ドイツスズランの花が咲いた。1週間後、函館山に向かうと、期待どおり日本在来型のスズランが咲き始めた。

葉より高い位置で花を咲かせるドイツ版に対し、葉の下に花を付ける日本版に付けられた別名が君影草。殿方の傍ら、恥じらいながら寄り沿う乙女を連想させることに由来するそうだが、そうあって欲しいと願う草食系男子が付けた名ではないかと邪推している。

函館の女学校では校章のモチーフとして使われ、ササに似た葉にちなんで「ササラン」の名で呼ばれていた時代もあったとか。「学校行事で、ササラン狩りに行ったこともあったわね」。少女のように目を輝かせながら話すかつての女学生の姿が、奥ゆかしく咲く日本スズランの姿と重なった。

山芍薬
ヤマシャクヤク

ボタン科
Paeonia japonica

素顔見せた はにかみ美人

「立てば芍薬《しゃくやく》、座れば…」。美人を形容した慣用句に登場するシャクヤク。大輪の花で主張する庭先のシャクヤクとは異なり、山のシャクヤクは三分咲き程度で満開の状態。同行者が「私に似て、控えめな女ねぇ」とつぶやいていたが、花弁を少しだけ開く姿は奥ゆかしく、「はにかみ」という花言葉にもうなずける。

なかなか素顔を見せない「はにかみ屋さん」だが、何かの拍子で花弁が1枚抜け落ちた花が一輪。おかげで素顔をじっくりと観察することができた。

「あら、かなりの素肌美人ね」とは、先ほどの自称控えめな同行者。紅を差した雌しべ、整然と並ぶ黄色い葯《やく》、確かに美人である。「でも、なんだか京都の和菓子のようにも見えるわね」と、続く言葉にいちいち納得。図らずも、名ガイド付きの山歩きとなった。

高麗天南星

コウライテンナンショウ

サトイモ科

Arisaema peninsulae

効率的な受粉のため進化

「この山にマムシっていますか?」。函館山を歩いていると、時々そんな質問を受ける。いるそうですよと答えるが、私はまだ遭遇の機会に恵まれていない。一方、花の世界のマムシには毎年対面している。ヘビを思わせる姿からマムシグサと呼ばれるコウライテンナンショウ。茎の模様が不気味で苦手という人も多いが、花だけ見ればなかなかかわいらしい。

ラッパ型の花(仏炎苞《ぶつえんほう》)は1枚の苞が丸まったもので、苞の合わせ目に隙間があるのが雄花、ないのが雌花だと図鑑にある。雄花の中に迷い込み花粉まみれになった虫は、大事な花粉の運搬者で、隙間は雌花に向かうための脱出口なのだとか。効率的な受粉のために進化した植物の姿を、ぜひ間近で観察していただきたい。もちろん、かみついたりはしないのでご安心を。

衝羽根草

ツクバネソウ

シュロソウ科
Paris tetraphylla

夏の訪れ告げる×印

視界の隅を赤茶色の十字架が流れた。とっさに立ち止まり振り返る。あった、ツクバネソウだ。十字架に見えたのは雌しべから伸びた4本の柱頭で、8本の雄しべがぐるりと囲う。花の後には直径1センチほどの黒い実をつけ、実と4枚の葉が羽根突き遊びで使う羽根に似ていることから「衝（突）羽根」の字が当てられた。

この羽根突き遊び、江戸時代の中頃までは夏の蚊よけのおまじないとして行われていたそうだ。蚊の天敵であるトンボの羽の形を模した羽子板で、蚊に見立てた羽根を突き、うっかり落とせば蚊に刺された証しとして顔や腕に墨で×印を書き込む。なるほど、先ほど十字架に見えたのはこの×印だったわけか。感心していると、耳元で今年最初の蚊の羽音が聞こえてきた。季節は確実に夏に向かっている。

ケタチツボスミレ

毛立壺菫

スミレ科

Viola grypoceras f. pubescens

「花相撲」遊びの主役

日本には約60種、函館山には約30種のスミレが自生するそうだ。よし、今年こそ函館山のスミレを全て覚えよう。花の色、托葉《たくよう》の形、地上茎の有無…。目の前のスミレをケタチツボスミレと絞り込む頃には、早くも挫折しそうな自分がいた。

栗田子郎著『折節の花』に、長崎でのスミレの別称「ジーガカッカバガカッカ」の名が紹介されている。何をどうすればこんな名前になるのか。昔、スミレの花を太郎坊と呼び、次郎坊（ジロボウエンゴサク）の花と絡めて引っ張り合う花相撲と呼ばれる遊びがあった。「太郎が勝つか、次郎が勝つか」と歌いながら遊ぶが、太郎・次郎が爺《じい》・婆《ばあ》に入れ替わり「爺が勝つか、婆が勝つか」と歌われ、花の名前になった…。各地に伝わる植物名は、花の楽しみ方を増やしてくれる。

踊子草
オドリコソウ
シソ科
Lamium album var. barbatum

列をなし 優雅に踊る

連休に入り、オドリコソウの花が見頃を迎えている。「あら、随分白いのね」「あら、色がついてる」同じ花を見ても人によって感想が異なるのは、白からピンク色まで花色に個体差があるため。経験的に関東から南に行くほど色が濃く、北海道では白が優勢だ。「よく蜜を吸って遊んだわ」とは、北陸から旅行中の年配のご婦人。俗に「吸い花」と呼ばれる花は、レンゲであったり、ツツジ、ハイビスカスであったりと、これも地方の色が出る。

オドリコソウの名は、花がすげがさをかぶりうちわを持つ踊り子に見えることに由来。そう言われると確かに見えてくるから面白い。列をなし優雅に踊る姿はさしずめ、富山に伝わる「おわら風の盆」か。耳元を抜ける風の音が、物悲しい胡弓《こきゅう》の音色に聞こえてきた。

青梻

アオダモ

モクセイ科

Fraxinus lanuginosa var.serrata

5年に1度…ただ今満開

数年に1度の周期で咲く花がある。タケの花は60年に1度しか花をつけないと言われるし、竹取物語の中で優曇華《うどんげ》の名で登場する花は3千年に1度しか咲かないと伝わる。伝説の話はさておき、5年周期で花をつけるアオダモの木が函館山で満開だ。実はこの2年前にも開花しており、5年というのはあくまで標準的な場合の話のようだ。

野球のバットの材として知られるアオダモ。プロ野球選手が使う上等なバットを作るには、樹齢80年以上の材が必要だと聞く。目の前のアオダモはどうやら私と同世代。バットになるまでにはまだ30年はかかりそうだ。その日までこの木は何度花を咲かせるのか。「お前もがんばって花を咲かせろよ」。アオダモからそんな声が聞こえた気がした。

鬼胡桃

雌雄 ユニークな姿

函館山の木々が若葉に覆われて約1カ月。頭上のこずえでは、地上に負けるなと言わんばかりに個性的な花々が咲いている。残念ながら私の小さなカメラでは、2メートル先の花を撮るのがやっと。高い木に咲く花はどうせ撮れないからと木を見上げることも少なくなり、足元の花ばかりを見て、首の痛みが続く日々。

それではいかんと導入したのが70~300ミリの望遠レンズだ。遠目で確認するしかなかったこずえの花も、グンと手元に引き寄せてパシャリ。この日のターゲットはオニグルミの花。直立した花序の先にはキャンドルの炎のような赤い雌花が咲き、その下には青々とした尾状の雄花が垂れ下がる。こんなにユニークな花を今まで見逃していたなんて、人生半分損していたと言ったら言い過ぎか。

オニグルミ

Juglans mandshurica var. sachalinensis

クルミ科

花筏

食用、薬…実用性高く

ハナイカダ

Helwingia japonica subsp. japonica var. japonica

ハナイカダ科

散った花びらが川面を流れていく様子を、先人は「花筏《いかだ》」と呼んだ。同じ名を持つハナイカダが葉の上に見事な花を咲かせている。

別名の「嫁の涙」は、殿様の願いをかなえられずに流したお嫁さんの涙が黒い真珠になった、という話に由来。また「ママコナ」「ママッコ」の別名は、おやつをねだる継子の手に、いった豆を渡してできたやけどの跡だというが、どちらも花の後の実がネタ元になっている。

若葉を天ぷらや汁の具にして食したり、滋養強壮や下痢止めの薬に用いたり、茎の中を走る髄をあんどんの芯に用いたりと実用性も高く、ユーモラスな見た目から野の花好きのお姉さま方の人気も高い。打ってよし、守ってよしの函館山のスター選手。やけるぜ。

朴木

ホオノキ

色白美人 翌日は紳士に

春の花が終わり、初夏の花が咲き出すまでの短い期間、山に点在する大きな白い花に気付いたことはないだろうか。時にはバレーボール大の大きさになるホオノキの花だ。芳香が強く、落ちている花びらを嗅いでも、おいしそうな甘い香りがする。

面白いことにこの花、咲いてすぐには雌性（メス）なのに、翌日には雄性（オス）になる雌性先熟性という特性を持っている。自家受粉を避け、他の花と受粉することで、遺伝的な多様性を確保するための戦略だと図鑑にある。

メスが時間を置いてオスになるケースは魚類などにも見られるが、まさかわずか一日で性別が変わってしまうとは驚きだ。そこで私は思うわけである。とりあえず恋人にはしたくないな、と。

モクレン科

Magnolia obovata

オオイヌノフグリ

オオバコ科
Veronica persica

輝く「はこだてブルー」

大犬陰嚢

春と聞いて何色を思い浮かべるだろう。ナノハナ、レンギョウ、フクジュソウ。出身の埼玉では、黄色い花が春一番に咲くこともあり「春＝黄色」のイメージが強い。もっとも、同郷の友人Aはモモやサクラソウなどピンク色の花を思い浮かべ、友人Bはウメ、コブシから「白」と答える。函館で暮らし始めてからはエゾエンゴサク、オオタチツボスミレ、青いキクザキイチゲなど「青」の印象が濃い。全国どこにでも咲くオオイヌノフグリを見ても春の色につながるのだ。

来函間もない頃、「この町はいつも青い光〈はこだてブルー〉をまとっている…」という一節をエッセーで書いた。オオイヌノフグリの色はこの町がまとうブルーと重なる。別名「星の涙」。町の美しさに感動し、星々も涙する町。そう理解している。

鰐口草

ワニグチソウ

クサスギカズラ科

Polygonatum involucratum

口を広く開いた姿に由来

寺社のお堂の前に下がる円盤型の音響具を「鰐口《わにぐち》」という。苞葉《ほうよう》がこの形に似ることから名付けられたワニグチソウ。だが、はかまのように広がる苞葉の姿は何度見ても鰐口と結びつかず、「割れ口」がなまったのでは、と推理する花仲間の説の方がふに落ちる。

調べてみると、鰐口には「人並み外れて横に広い口」の意味があることが分かった。確かにお堂に下がる鰐口の縁には、音が響くように口が開いている。ワニグチソウもしかり。苞葉を大きく広げている様子が、命名の決め手になったのだろう。

ちなみに鰐口には、音を供養する意味もあるそう。神社の大鈴と比べ鳴らしにくく、むきになってたたいていたが、仏様が聞いて心地よい音を出すための工夫だったとは。毎度お騒がせしてスイマセンでした！

シウリザクラ

バラ科
Padus ssiori

神話の怪物思わせる花穂

女神アテナの怒りを買い、髪一本一本までヘビに変えられてしまったギリシャ神話の怪物メドゥーサ。その頭髪を思わせるシウリザクラの花が満開になった。10日ほど前まで咲いていたウワミズザクラに間違えられることも多いが、花穂の長さと葉の形で容易に見分けることができる。一般的なサクラの形とは異なるが、れっきとしたサクラの仲間だ。

メドゥーサは首を切られて退治され、アテナの元に運ばれる途中、海に落ちた血がサンゴになった…と神話は続く。

1週間ほどで花は散り、2、3週間もすれば赤や褐色の美しい実がこずえを彩るだろう。それはきっと、山に落ちたメドゥーサの血の化身。そして、函館山に夏が始まったことの合図でもある。

山吹升麻

ヤマブキショウマ

バラ科

Aruncus dioicus var. kamtschaticus

地方で呼び名さまざま

経験的に山菜として利用されることの多い植物には、その地方特有の名、いわゆる地方名が多い。ヤマブキショウマもその一つ。イワダラ（岩場に育つタラノキ）、ジョンナ（丈夫な菜）、ジュウネンコ（食べると10年長生きする）などと、その名の語源を想像するのも楽しいものだ。

また、地方名を多く持つ山菜は調理法も多彩である、というのが私の説だ。煮る、焼く、ゆでる、あえる、揚げる、蒸す──。きっと、その土地ごとに山菜名を冠する料理があるはず。そんな仮説を確認するために、出張先では居酒屋に赴き、ご当地ならではの料理の名が「本日のおすすめ」の黒板に書かれていないか、確認するのである。情報収集が目的で、決してお酒が目当てではない…と自らに言い聞かせつつ。

ウラシマソウ

サトイモ科

Arisaema thunbergii subsp. urashima

浦島草

釣りざおに見立て命名

花から伸びる付属体を、先人は浦島太郎の持つ釣りざおに見立てた。自分なら何を想像し、どう名を付けただろう。むちのように見える付属体。むちといえばアメ、アメといえば雨、梅雨、つゆ、めんつゆ、ざるそば…。われながらお粗末な想像力にがくぜんとする。

短篇小説『浦島さん』の中で、太宰治は太郎の旅した世界を紹介する。そこは、樹陰のような薄い緑色の光で満たされ、300億粒の真珠からなる山が峰をなす海の底。食べると300年間老いることのない桃の実が宮殿に敷き詰められ、スミレに似た桜桃の花を口に含むと程よく酔い、小魚たちが花吹雪のようにキラキラ舞う。なんと素晴らしい想像力だろう。ざるそばとはえらい違いだ。間違っても私宛てに竜宮城への招待状が届くことはないだろう。

立亀葉草

ツル？いいえ、カメです

タチカメバソウ

ムラサキ科
Trigonotis guilielmii

タチカメバソウを撮影していると、声を掛けられた。

「その辺りにあるのはツルですか？」。いいえ、カメですよ。そう答えながら振り向くと、旅人らしき声の主は「え？」という顔で私を見ていた。

「いいえ、マイヅルソウの方ではなく、隣の…」。そこでハッとした。ツルですかという質問は「鶴亀」のツルではなく、「つる植物ですか」の意味だったのだ。

確かに細長く伸びた茎はつるのようにも見える。だが、すぐ横に咲くマイヅルソウのことを聞かれたと思った私は、とんちんかんな受け答えをしたのだった。

「ツルとカメのそろい踏みなんて縁起がいいですね」。顔から火が出るような思いの私を気遣い、そんな言葉をかけてくれる旅人。ああ、穴があったら入りたい…もといい、甲羅があったら潜りたい。

フデリンドウ

筆竜胆

リンドウ科
Gentiana zollingeri

束になって大空仰ぐ

幼い頃の遊び場だった埼玉の実家前の森。国道工事で伐採される前に、もう一度見ておこうと30年ぶりに忍び込んだ。すると、自然保護団体の男性と遭遇。可憐《れん》なフデリンドウの花を紹介してくれた。花束のようにまとまり、大空を仰ぐように咲く姿が印象的だった。30年前にもあったのかなとつぶやく私に、300年前にもあったはずと話す男性。なるほど花を咲かせては種を作って生き続けてきた、桁違いの大先輩か。私の中で花の見方が変わった瞬間だった。花にはまりだしたのもこの頃だろう。

その後、森は立派な道路となり、野の花たちには二度と会えなくなったが、その翌年あたりから函館山でフデリンドウの花を見かけるようになった。君たちも引っ越してきたのかい。そう語りかけていた。

セリ科

Osmorhiza aristata var. aristata

ヤブニンジン

藪人参

ツンツン棒　正体は果実

ケケケケケ…とエゾハルゼミの声が山に響き始め、ヤブニンジンの花が咲き出した。スッと伸びた茎の先に咲くわずか2、3ミリの白い雄花。それを囲うように棍棒《こんぼう》状のものがツンツンと立っている。

「このツンツンは花びら?」。質問者は、花の写真を撮りに来たという女子、「写ガール」だ。質問しつつ、棍棒の先にも花が付いていることに気付いた様子。それが雄しべと雌しべを持った両性花で、棍棒部分が果実であると説明する。

「この棍棒がニンジンっぽいからヤブニンジンね」。そう解釈する写ガールに、葉が野菜のニンジンの葉に似ていることに由来するのだと慌てて訂正する。

「ニンジンの葉っぱ、見たことないし…」。歳の差を感じた瞬間、セミの声が笑っているように聞こえた。

ルイヨウボタン

メギ科

Caulophyllum robustum

類葉牡丹

少々不思議な造り

　今日はチョウやハチの姿が目に付く。きっとその先に花があるはず。注意深く目で追うと、コマユミ、ツタウルシ、ツルウメモドキなど、茎や葉と同系色の目立たない花が満開になっていた。更に目が慣れると、黄色味の強いルイヨウボタンの花が咲いているのに気が付いた。先週、他の場所で見かけたときには森の緑に同化してしまう目立たない花だったが、淡い緑の花に目が慣れた今、やけに黄色く見えるから不思議だ。

花の造りも少々不思議。花弁のように見える6枚の部位は内萼片《がくへん》と呼ばれ、花弁はその根元の耳かきの先のような部位だと同行者の一人が教えてくれた。

「これが花弁ねぇ。花弁って何のためにあるの」。「さあ、恋占いじゃないの」。写真を撮る私の背後で、そんな会話が繰り広げられていた。

松笠茸擬

マツカサキノコモドキ

タマバリタケ科

Strobilurus stephanocystis

松ぼっくりから発生

秋でもないのにキノコを見付けた。キノコ師匠に教えを請うと、「近くにマツの木がなかったか」と。確かに立派なアカマツの木があり、マツカサも散乱していた。いわゆる松ぼっくりから発生するキノコの一つで、根元にはマツカサが埋まっているそうだ。

紫華鬘

ムラサキケマン

ケシ科

Corydalis incisa

山で会うと「べっぴんさん」

道端で飽きるほど見かける花だが、山で見てべっぴんさんだと気付いて以来、近所で見かけるとつい立ち止まってしまう。朝晩の散歩を楽しみにしている愛犬にはいい迷惑だろう。あ、ここにも。路傍の花に見惚れる私の顔を、愛犬が不満そうな顔でのぞき込む。

オヒョウ

ニレ科
Ulmus laciniata

花を見逃し2週間で実に

オヒョウが早くも実を付けている。今年も花を見逃したか。いや、2週間前に花とはすれ違っていたのだ。そのシルエットから故郷で見慣れたマンサクの花だと決め付けていたが、あれだったのか。花を探すときについついやってしまう私の悪いクセだ。反省。

トウゲシバ

峠芝

ヒカゲノカズラ科
Huperzia serrata var. serrata

もさもさ姿でもシダ植物

シダと言えばお供え餅に飾るウラジロの葉の形状を思い浮かべる私に、目の前の「もさもさ」がシダであるという選択肢は完全に抜けていた。考えてみれば、春の訪れを告げるツクシもシダの仲間だ。先入観を持たずに観察すること。師匠の言葉を思い出した。

薇

ゼンマイ

ゼンマイ科
Osmunda japonica

炎のように開く胞子葉

シドケ、アズキナ、ゼンマイ、ワラビ…。春の食卓を彩ってくれた山菜たちが成長を続けている。山菜のその後が手軽に観察できるのは、植物採集が禁止されている函館山ならでは。おかげで今年も炎のように開くゼンマイの胞子葉に出合えた。

小金梅

コキンバイ

バラ科
Geum ternatum

わざわざ会いに行く花

函館山では1週間から10日間くらいしか見られない花だと教わったコキンバイ。カイワレ大根のような細長い茎の先に咲く花はとてももろく、その命は短い。さらに、函館山では咲く場所が限定されており、私にとっては「わざわざ会いに行く花」の一つである。

山葵

ワサビ

アブラナ科
Eutrema japonicum

4本の長い雄しべ特徴

ユリワサビにしては大き過ぎるし、エゾワサビやアイヌワサビにも似ている。その疑問を立ち寄った温泉の売店が解決してくれた。山菜売り場にはワサビの名。6本ある雄しべの4本が長いという特徴とも一致する。あぁ心身ともにさっぱり。聞きしに勝る名湯だ。

咲き競う

夏

行者大蒜

強い匂い　魔物も退散

ギョウジャニンニク

ヒガンバナ科

Allium victorialis subsp. platyphyllum

「ポンッ！」と音が聞こえてきそうな花に出合った。以前、ポップコーンがはぜる瞬間を超高速度カメラで撮影した映像を見たことがあるが、その映像を思い出す。総苞《そうほう》の薄い膜を押し破り、端から順に花開いていく小さなつぼみたち。もちろん目の前の花ははぜることなく止まっているのだが、頭の中では、つぼみが次々と開いていく様子が繰り返されている。

道内ではアイヌネギとも称されるが、当のアイヌ語では「キトビロ（キトピロ）」と呼ばれ、その語源は「祈祷蒜《きとうびる》」と、ある書物に記される。「蒜」とはネギなど強く香る植物の古名で、香りを魔よけとして使ったことに由来するという。埼玉で生まれ育った私に、アイヌ語に触れる機会はほとんどなかったが、アイヌ語名で花をひも解くという、新たな楽しみができた。

蝦夷萱草

漁期告げるアイヌ語名も

エゾカンゾウ

ススキノキ科

Hemerocallis dumortieri var. esculenta

長万部地方のアイヌ語でカクコクノンノと呼ばれる花がある。道南では一般にエゾカンゾウと称され、初夏の訪れを知らせる花の一つ。アイヌの人々には、マス漁の季節の到来を告げる花であったという。「カクコク」とはカッコウのこと、ノンノは「花」。カッコウの初鳴きと、エゾカンゾウの開花、マスの遡上時期が一致したことにちなんだ名だろう。和名ゼンテイカ。興味深いことに、樺太アイヌは「チライムン（イトウ・草）」と呼び、イトウ漁の時期を知らせる花として名前が変わる。道央や道南ではフクジュソウに付けられていた名が、北上して別の花と魚を表す名になる。

花の美しさに憂いを忘れることから「忘れ草」の別名もあるこの花。きっとアイヌの人々も、時がたつのも忘れて花に見とれていたことだろう。

靫草 ウツボグサ

Prunella vulgaris subsp. asiatica var. lilacina シソ科

真夏には枯れて見える

二十四節気をさらに細分した七十二候。乃東枯（なつかれくさかるる）、菖蒲華（あやめはなさく）、半夏生（はんげしょうず）、これら夏至の間の三つの候は、いずれも花にちなむ。アヤメ、ハンゲあたりなら聞き覚えもあるが、ナツカレクサとは何の花を指すのか。漢字で書くと「夏枯草」。ピンと来る花仲間も多いだろう。カコソウと読めばウツボグサの別名になる。函館山では夏至の頃から咲き始め、真夏になると花が落ちて枯れているように見える。それ故の別名だ。

紫色の花をよく見ると、その形はオドリコソウの花によく似ている。オドリコソウの別名「波見《はみ》」は蛇が口を開けている「食《は》み」が語源だとか。なるほどそれでヘビに対してウツボなのか…。え、ウツボとは弓矢の矢を入れる「靫《うつぼ》」のこと。もう、ややこしい！

深山木天蓼

チョウを誘う紅白の伝言

ミヤママタタビ

マタタビ科
Actinidia kolomikta

夏至の頃、葉に隠れるように咲く花のありかを伝えるため、緑の葉に白い化粧をするマタタビ。伝言相手は花粉を運ぶ虫たち。招待状はもらってないが訪ねてみると、白い葉に混じって赤く化粧をした葉が十数枚。緑→白→赤→緑と変化するミヤママタタビだった。

一般に白い花の多くが小型で、蜜は浅いところにある。チョウのように口が発達していない虫に向け「蜜が浅いところにありますよ」という花からの伝言だという説が興味深い。一方、アゲハの仲間は赤い花を好む傾向があり、活動する時期と葉が赤く変わる時期が重なる。花粉を運ぶ虫の活動時期に合わせて伝言を書き換えるとは、花の期間の長いミヤママタタビならではの戦略だ。こらこら誰ですか、赤ちょうちんにひかれる私はアゲハの仲間だなんて言ってるのは。

小茄子

名から連想 七夕の風習

コナスビ

サクラソウ科

Lysimachia japonica var. japonica

今日は七夕。「ろうそく一本ちょうだいな」と、かわいらしい歌声を武器に、袋いっぱいのおやつを集める函館の子供たち。そんな独特の風習を見物していると、ナスで作った精霊馬《しょうりょううま》を飾る家を見かけた。

「それはお盆でしょ」。花仲間に言われるまでもなく、私が生まれ育った埼玉ではナスの精霊馬はお盆のアイテムである。「ボケるのはまだ早いよ」などと冷やかされながら歩いていると、自分が子供の頃にも七夕に精霊馬を飾ったと話し始める仲間が一人。出身の徳島県では七夕にはナスがつき物だったという。

「へぇ、勉強になるわねぇ」と寝返る面々。黄色いコナスビの花から始まったこの日の話題は、花の後になる実がナスの形と似ているのよねと、名前の由来へと続く。初夏の函館山は話のタネでいっぱいだ。

瓜木

ウリノキ

ミズキ科

Alangium platanifolium var. trilobum

昼夜咲き続ける〝巻き毛〟

小暑の頃に先陣を切って咲き出すウリノキは、見事な巻き毛で人気の花だ。七夕の日、そろそろ咲いているだろうと思い、花仲間のご夫妻と確認に行くと、予想通りに咲いていた。一度開いた花は夜でも咲き続け、閉じることはない。春の花には、夜になると閉じて昼に再び開く花が多いが、昼夜を通じて咲き続ける花が多いのは、夏の花の特徴の一つといえるだろう。

「でも、どうして夏の花は夜も咲き続けるの」。花仲間の素朴な疑問に、夜通し咲くことの利点を探すが、良い答えが見つからない。

すると、無口なご主人が口を開いた。「織姫と彦星が会うんだ。花くらいないとムードがないだろう」

ほほう。花好きにはロマンチストが多いことを知った、夏の昼下がり。

蠅毒草

南風を誘う可憐な姿

ハエドクソウ

ハエドクソウ科
Phryma nana

草の汁や根を煮詰め、殺虫剤の原料にしたことから名付けられたというハエドクソウ。もう少し可憐《かれん》な姿を反映した名を付けても良かったのではないかといつも思うが、ヘクソカズラ（屁糞蔓）やママコノシリヌグイ（継子の尻拭い）などという不名誉な名を付けられる花もあるので、お互いにあいつよりはましだと思っているかもしれない。

ハエといえばこの季節、もう一つ思い出すのが「南風」。古くは「ハエ」と呼び、琉球語起源説から、南からの湿った暖かい風で食べ物が傷みやすくハエがたかるというもっともらしい説まで、語源には諸説ある。

毎年、山でハエドクソウが咲き始めると、南から夏の風が吹き始める。そこで、函館山では「南風得草」の字を当てたいと思うのだが、いかがだろうか。

エゾアジサイ

アジサイ科

Hortensia cuspidata f. yesoensis

蝦夷紫陽花

小さな花と萼の競演

幼い頃、祖母が植木鉢の土にアジサイの枝を挿していた。何かのお墓か、まじないか。聞けば「挿し木」といって、アジサイを増やしているのだという。祖母の話を半信半疑で聞きつつも、植物にはそういう増やし方もあるのかと、新たに得た知識に興奮していた。

小さな花が集まって咲くアジサイの花。花弁に見えるものは「萼《がく》」で、ドーム状に萼が集まるホンアジサイは、変異と改良を重ねて作られたもの。ガクアジサイと呼ばれる本家を差し置き、アジサイといえばホンアジサイを指すことが多いが、本来なら「萼だらけアジサイ」と呼びたいところだ。

萼には「装飾花」という名称が付けられている。花を花で飾り、より美しくなろうとする努力と向上心には感服する。私も見習わねば。

車百合

クルマユリ

ユリ科
Lilium medeoloides

丸い姿 江戸風鈴のよう

「今日は49輪咲いていたわよ」。花仲間が教えてくれたクルマユリ。どこか江戸風鈴のようにも見え、登山道で風に揺れる姿を見るたびに、耳の奥でチリーン、チリーンと涼しげな音が鳴る。

ゆらゆらと風に揺られる様子から、ユリ（揺り）の名が付いたというユリの花。「クルマ」は放射状に生える葉の様子から、人力車や手押し屋台などの車輪を連想しての命名だという。

子供の頃、夏に下町で暮らす祖母の家へ行くと、たくさんの江戸風鈴を積んだ手押し屋台を見かけた。風のない暑い日でも、風鈴売りのおじさんが来ると不思議と風が吹き、チリーンと暑さを和らげてくれた。ここ数日、東からいい風が吹いているが、きっとあのおじさんが49個の風鈴を持って山に来ているのだろう。

灰汁柴

アクシバ

ツツジ科

Vaccinium japonicum var. japonicum

葉っぱの下に秘めた恋

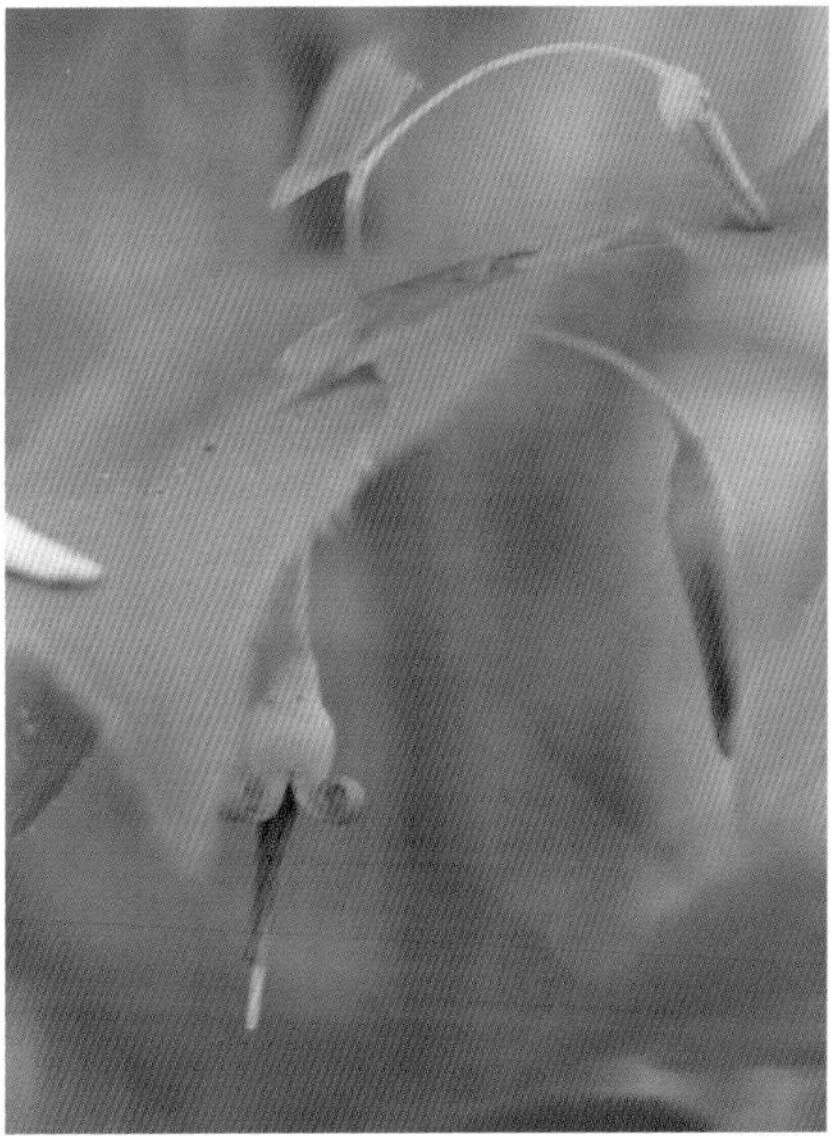

大暑を目前に控えた函館山。夏草が繁茂し、春以降、山をにぎわせていた野の花たちは、実も種も生い茂る葉の陰に隠れてしまった。鬱蒼《うっそう》としたその光景はまさに「黒い森」。その時、足元にアクシバの茂みがあるのに気付いた。しゃがみこんで葉の下をのぞくと…ほら、見つけた。気の早いアクシバの花が一輪、花弁をクルンとカールさせて咲いている。昔からかくれんぼは得意でね、と声をかけながら写真を一枚、また一枚。

やがて夕暮れになり、ファインダー越しのアクシバが、ホタルに見えてきた。飛び回るのはほとんどが雄で、雌は草むらに潜んで恋の相手を探すというホタル。そういえば、図鑑のアクシバのページに「無言の恋」という花言葉があったっけ。こりゃ失礼。恋のお邪魔虫は、馬に蹴られる前に退散するとしよう。

鬼下野 オニシモツケ

バラ科 *Filipendula camtschatica*

色涼しげ「高原の女王」

久しぶりに女王に会った。細く長い茎の先に、ふわふわとしたはぐれ雲のような花を付けるオニシモツケは、花好きの間では「高原の女王」と呼ばれている。「山野草の女王」と呼ばれるシラネアオイ以来、2カ月ぶりの女王との謁見《えっけん》となるが、この間に函館山で出合った花は軽く100種を超える。文字通り百花繚乱。いや、二百花繚乱か。

はぐれ雲を形づくるのは、長さ2～3ミリの5枚の花弁と、花弁の倍の長さを持つ雄しべたち。その形に線香花火を連想する人も少なくなく、涼しげな色合いとともに日本の夏にピッタリな花といえるだろう。甘く強い香りと綿のような見た目は、縁日の屋台でおなじみのわたあめにも似て、これまた夏にピッタリ。大暑の函館山で、夏女の女王が咲き誇っている。

浜豌豆

ハマエンドウ

日に日に赤紫から青紫へ

マメ科
Lathyrus japonicus

夏の強烈な日差しの下、色鮮やかなハマエンドウの花が咲いていた。顔の前で手を合わせているようにも見える花の形は、図鑑では「蝶形《ちょう》」と説明され、花の色は赤っぽく見えるときもあれば、青っぽく見えることもある。不思議に思っていると、日に日に赤紫色から青紫色に変わっていくのだと師匠に教わった。

地表をはうように成長し、よく見ると葉が上を向いて立っているものが多いことに気付く。強すぎる日差しを避けるための工夫だと師は説明するが、他の理由を考察することも忘れてはいけないとも教わる。

撮影時に使うレフ板のように、日光を反射させ花を引き立たせるために立ち上がっているのではないでしょうか——。「そうそう、その調子」と、私の仮説を楽しむ師匠。その日以来、花の見方が少しだけ変わった。

浜弁慶草

ハマベンケイソウ

ムラサキ科

Mertensia maritime subsp. asiatica

波打ち際の宝石のよう

パウダーブルーと称される葉を持つハマベンケイソウ。そろそろ咲く頃だろうと、友人と山の麓の海辺に向かう。この辺りだったかな、と岩陰をのぞき込むと、波に打ち上げられた宝石のような花が咲いていた。

「おお、出たー」。ほぼ同時に声を上げる私と友人。駆け寄ろうとする私を、友人が慌てて制した。「ほらそこ！」。どうしたのだろう。不審に思いつつ指差す先を注視すると、岩の上でとぐろを巻くマムシが2匹。宝石を守る番人のように花の横に鎮座していた。

おとなしそうだが、用心するに越したことはない。いたずらに刺激しないよう、望遠レンズに付け替えて、遠くからの撮影だけにしてそっとその場を離れた。気温が上がり、マムシやスズメバチの動きも活発になりだした。山歩きの際にはどなたも注意されたし。

浜大根

ハマは野菜の花畑？

ハマダイコン

アブラナ科

Raphanus sativus f. raphanistroides

海水浴帰りの知人から、薄いピンクの花がいっぱい咲いていたという話を聞いた。丸みを帯びた花弁が4枚十字型についていた、というヒントから一つの花が思い浮かんだ。ハマダイコンでは？

「へぇ、ナスだけじゃないんだ？」。どうやらハマナスのことを言っているようなので、ハマニンジン、ハマニンニクなどの野菜の名前シリーズがあることを紹介する。

知人に連れられて入舟町の海水浴場に行くと、予想通りハマダイコンの花が咲いていた。すぐ横にはハマエンドウの花も。「エンドウマメもあるんだね。もしかしてジャガイモやトウキビもある？」。さすがに無いとは言いつつも、帰宅後、ひょっとしたらと期待しながら図鑑をのぞき込む。

雪下
海峡を渡った「暑中見舞い」
ユキノシタ

ユキノシタ科
Saxifraga stolonifera

図鑑的には北海道に分布しないことになっているユキノシタが今年も開花した。「ないはずの花がなぜ函館山にあるの？」と、度々聞かれるが、これだけ人や物が行き来する時代である。ヨーロッパ原産の草花が日本中に広まって猛威を振るうのだ、最短で20キロと離れていない津軽海峡を渡っても不思議ではない。

新天地であっても、岩陰や日陰の湿った場所に咲く特性は変わらない。ラテン語の「岩＋割る」が語源のSaxifraga の学名通り、岩の割れ目や石垣の隙間を好んで自生している。花弁は全部で5枚。上部の3枚には赤と黄色の斑紋が入り、花弁ごとに模様が異なる。タイ語や梵字《ぼんじ》のようにも見え、いったい何と書かれているのだろうか。「暑中お見舞い申し上げます」。季節がら、一枚くらいはそう書かれていそうだ。

松房《まつぶさ》

ブドウ思わせる別名も

マツブサ

マツブサ科
Schisandra repanda

前日の暴風雨のせいだろうか、見慣れない花びらが落ちていた。反射的に見上げると、手を伸ばせば届きそうなところにツル植物が垂れ下がっていた。

クロゴミシ、ウシブドウという別名を聞けば、ブドウに似た実をつける植物だろうと推理する花好きも多いのではないか。実際、秋になれば黒紫色をしたパチンコ玉大の実を房状につける。

実のほうは毎年目にしていたが、花を見るのは数年ぶり。これはしっかり写真に収めておこうとカメラを構えるのだが、昨夜からの強風にあおられてピントを合わせるのにひと苦労。30分近く粘ってどうにか鑑賞に堪えられる一枚を撮ることができた。代償は寝違えにも似た首の激痛。上を向けないままで迎えた翌日、今夏の花火大会は音だけを楽しむこととなった。

女郎花 オミナエシ

美女を圧倒する美しさ

スイカズラ科 *Patrinia scabiosifolia*

私が選ぶ函館山版秋の七草を教えて欲しいと、お便りをもらった。8月に入り、山頂付近では早くも秋の花が咲き始めている。その様子から、真っ先に思い浮かんだのが、万葉集の中で山上憶良も選んだオミナエシの花だ。「おみな（女）えし（圧し）」、美女を圧倒するほど美しいことに由来する名前だと聞く。

抜けるような青空の下、日差しを浴びたオミナエシは、自らが黄色い光を放つかのように妖艶で、麓から50種以上の花を見てきた花仲間が「きれい過ぎる」とため息交じりにつぶやくほど美しくドキッとする。

秋の野の花が咲き乱れる草原を「花野《はなの》」というが、花野には息をのむほど美しい花がまず多い。その一番手オミナエシ。さあ、残り六つのドキリに会いに、のんびりと花野を歩くとしましょうか、憶良さん。

浜風露

風に揺られる露のように

ハマフウロ

フウロソウ科
Geranium yezoense var. pseudopratense

祭りのシーズン。函館山でも神輿《みこし》の姿をちらほら見かけるようになってきた。種を飛ばした後の姿が神輿の屋根に似ることから名付けられた「ミコシグサ」。ゲンノショウコやエゾフウロなど、フウロソウの仲間の別名だ。函館山では初夏にエゾフウロが咲き出し、秋の気配が漂うとハマフウロの花が姿を見せ始める。よく似る両者だが、花弁のつき方や葉の切れ込み、萼片《がくへん》の毛の量など、見分けるポイントはいくつかある。

「風露」の字は、風に揺られる露のようにかよわい花を見立てての命名だろう。「夕焼け小焼けの赤とんぼ…」で知られる童謡は、詩人で随筆家の三木露風の作。露風と風露、何か関係があるのだろうか。夕焼け空を舞う赤トンボを見上げながら考えていると、自分がハマフウロの花になっている錯覚を覚えた。

ハクサンシャクナゲ

白山石楠花

ツツジ科 *Rhododendron brachycarpum*

崖の上の低木に咲く

雪解け間もない4月初旬、ふと見上げた崖の上に、緑色の葉をつける低木を見つけた。最大ズームで確認すると、ツバキの花のつぼみに似たものが確認できる。どんな花が咲くのだろうか。好奇心に押され、花が咲くまで毎週その場へ通うことにした。

ゴールデンウイークを過ぎても変化なし。むしろ周囲の木々が葉を出し始め、6月には遠くからの観察が難しくなる。幸い、すぐそばに別のポイントを見つけ観察続行。それから更に6週間、ついに念願の花の姿を確認することができた。

花の正体はハクサンシャクナゲ。さっそく花仲間に写真を見せると、「あらシャクナゲ。うちの庭にもあるわよ」とひと言。え、庭木なんかと一緒にしないでよ…。なんだか3カ月分の疲れがどっと出てきた。

柿蘭

カキラン

ラン科

Epipactis thunbergii

数年ぶりの再会に感動

恵山の高原コースを訪れた。行けど進めど花の姿はなく、現われるのは、ちぎれた植物と無数のシカの足跡ばかり。近年、各地の山でシカの食害による植物の減少例が報告されているが、ここもやられていたのだ。

2時間ほど歩いて見られた花は10種類そこそこ。残念ではあったが、函館山では何年も見ていないカキランを最後に確認することができた。すると、花仲間の一人が今年は函館山でも咲いていると教えてくれた。

翌朝、函館山でカキランと対面した。昨日に続く感動の再会だったが、それ以上に、途中で50種以上の花が絶え間なく見られる環境が残っていることに感動した。シカなどによる被害のない函館山。近い将来、そのことが重要な意味を持ってくるのではないか。カキランを見ながらそんなことを考えていた。

草牡丹

薄い紫カールした萼

クサボタン

キンポウゲ科
Clematis stans var. stans

8月に入って早々に秋風一番が吹く年は、経験的に秋の花々も早く咲く。その話を聞いた花仲間が、さっそく函館山で花を見てきたと連絡をくれた。

花の特徴を聞きながら、あの花だなと推理するのはなかなか楽しいもの。黄色い花、白い花、ピンクの花と、そこまでは名探偵並みに推理していたが、紫色の花のところでミスを犯しかけた。薄い紫色の筒状の花がいくつもついていたという証言から、函館山版秋の七草の一つとして紹介しているツリガネニンジンかと思いきや、葉の様子などが目撃者の印象と異なる。

「花弁の先がカールしていた」。そのひと言で真犯人はクサボタンだと確信。カールしていたのは正確には花弁ではなく萼《がく》だが、間違いないだろう。よし、明朝、逮捕しに行くとしよう。

広葉河原柴胡 ヒロハノカワラサイコ

バラ科 *Potentilla niponica*

見つけた「幸せのハート」

8月10日は「健康ハートの日」。そこで、ハートをキーワードに山を歩くと、不思議とハート型の葉が目にとまる。カツラ、クサギ、アカネ、オニドコロ…。いずれも「心形」と呼ばれ、葉の基部がハートのようにくびれている。

一方、花びらだって負けていない。5ミリほどの黄色いハートが5枚、ヒロハノカワラサイコが元気よく咲いていた。春の函館山で目を楽しませてくれたキジムシロやミツバツチグリによく似た仲間だ。

こうなると、あらゆるものがハート型に見えてくる。空に沸き立つ入道雲、破れたクモの巣、花の蜜を吸うアサギマダラの白い模様…。ハートにあふれる真夏の函館山。石畳や、夜景の中に潜むという「幸せのハート」に続く新たな函館のハートスポットになるかな?

河碧

青くても「ミドリ?」

カワミドリ

シソ科
Agastache rugosa

ミシュラン旅行ガイドで、函館山からの眺望が星三つの評価を得ている。「わざわざ旅行する価値がある」という評価に異存はない。絶景ポイントは複数あり、自動車道2合目付近のビューポイントは人気が高い。高台からの景色に見入っていると、足元に青紫色の花をつけるカワミドリの群落に気がついた。青い花なのに「ミドリ」とは何ゆえか。帰宅後すぐに、図鑑類を引っ張り出して調べるが、なかなか答えに近付かない。迷宮入りかと思われたが、最後に手にした本に「パチョリ」という同じシソ科のよく似た花の写真が紹介されていた。インド原産のパチョリの名は「緑の葉」を意味するタミル語に由来するとのこと。どうやらこのあたりに〝ミドリ〟の名の秘密がありそうだ。由来を追って、思いがけず南インドまで来てしまった。

蔓苦草

ツルニガクサ

シソ科

Teucrium viscidum var. miquelianum

シソ科の特徴 四角い茎

個人的に函館山の夏の主役はシソ科の花々だと思っている。草丈が低く、花も小さいので、素通りしてしまう人がほとんどだが、旧登山道コースだけでも十種類以上のシソ科の花が潜んでいる。

「これもシソの仲間？」。同行者が足元を指差しながら聞いてきた。シソ科のツルニガクサだ。「茎はちゃんと四角いわよ」。別の同行者が茎を触って特徴を補足する。シソ科は茎に四つの稜《りょう》を持つものが多いが、確かに茎は四角い。

結局その日は〝指で見る〟植物観察会となり、四角い茎を見つけてはシソ科であることを確認した。お弁当の時間、向かいの花仲間がつぶやいた。「あら、これも四角いからシソ科かしら」。顔を上げるとその手には…。こらこら、それは割り箸ですよ。

牛尾菜

歌で伝わるおいしい山菜

シオデ

サルトリイバラ科
Smilax riparia

「あら、ヒデコ」。同行者の声に顔を上げる。誰もいない。振り返るがやはり誰もいない。ひょっとして〝見える〟のだろうか。同行者の顔をのぞき込むと、「おいしいのよね」と、ひと言。なんと食べるとは。驚きつつ視線を追うと、シオデの花が球状に咲いていた。

秋田出身の同行者によれば、地元ではシオデのことを、ヒデコ、ショデコと呼ぶそうで、「山でうまいはトトキにショデコ…」なんて歌もあるとか。長野では同じ節回しで「トトキとオケラ」と歌われ、どちらもおいしい山菜を歌った内容である。

秋田県内では田沢湖町のものが太くて良質とされ、かつては年貢米の代わりに「ヒデコ」を納めていたのもこの地域だという。このように、移住者の多い函館では、いながらにして全国を巡れるのだ。

栃葉人参

トチバニンジン

ウコギ科

Panax japonicus var. japonicus

好奇心を誘う丸い形状

球状に花を咲かせるトチバニンジン。図鑑では散形花序と紹介され、茎の先から四方八方に花柄を伸ばし、それぞれの先端に小さな花をつける。シオデ、イケマ、ウドなどにも見られる花の咲き方だが、函館山では今の時季、これらがほぼ同時に咲くというのが面白い。

「どうして丸いの?」。同行者のお孫さんがおばあさんに質問する声が耳に入った。難問だが少年の疑問を解決してあげたいと思うのは、かく言う私も子供時代、何でもかんでも「なぜ?」と問いかけては大人たちを困らせていたくちだからだ。

「虫がどっちからきてもいいように…」「どこから風が吹いても受粉できるように…」。易しい言葉で説明しようと振り向くと、既に少年の興味は蜜を探す大きなアゲハチョウに。自分もそうだったな、と苦笑い。

岡虎尾

先細りの穂 何に見える？

オカトラノオ

サクラソウ科
Lysimachia clethroides

ハリネズミ、ガチョウの首、ゾウの鼻。いずれもオカトラノオを見た花仲間の感想だ。
丸く弧を描く花穂の片側につぼみが集まり、根元から順次開花するこの花。時間差で咲くことで、受粉を手伝う虫が訪れる機会を増やそうという作戦なのだろう。その結果生まれる先細りの花穂の形が、トラの尻尾を連想させる…というのが花の名の由来だ。
そこで、トラの尻尾という前知識を削除して、改めてこの花を観察してみる。どうやらこれまでは、図鑑で見たものと同じ花を探すクセがついていたようだ。同じオカトラノオでも、弧を描かない花穂や、S字の花穂も結構あるのが見えてくる。にょろっとしたその形から、自分ならどんな名前を付けるだろう。空飛ぶ白いウナギ…。はい、不採用。次の方どうぞ。

弟切草　オトギリソウ

可憐な姿　一日で完結

オトギリソウ科

Hypericum erectum var. erectum

なんとも物騒な名だが、その正体は可憐《かれん》な花の名前。次男坊、つまり「弟」である私にとっては、その身に起こったであろう不幸を案じ、名を聞くたびにやきもきしてしまう花だ。函館山でも度々遭遇しているが、満開の姿を見せてくれたためしがない。

「一日花だからでは?」。満開のオトギリソウに会えないとぼやく私に、花仲間がつぶやいた。

咲き出してからしおれるまで、一日で完結するものを一日花と呼ぶことがある。聞けば、オトギリソウが満開になるのは日差しが強くなるお昼過ぎ。早朝に函館山を巡ることの多い私が、満開の同胞と出合うのは、時間的に難しかったわけである。

翌日正午、物騒な印象など軽く吹き飛ばす見事な花と対面した。お前さん、こんなにイケメンだったのか。

釣鐘人参 ツリガネニンジン

キキョウ科
Adenophora triphylla var. japonica

個体差大きい 葉の数、形

シオデの項で紹介した「山でうまいはトトキにショデコ…」のトトキ（ツリガネニンジンの別名）が咲き出した。個体差の大きい植物で、同じ種類だと説明してもなかなか信じてもらえない。無理もない、スミレだったらわずかな違いで50〜60種に分類されてしまうのだ。これほど顕著に違うのに、同じ種といわれても簡単には受け入れられないだろう。その一方で、極度に矮小《わいしょう》化したものをシャジンと呼び、数種類に分けるものだから、私の同一説はますます説得力を失う。

さて、先述の歌は「里でうまいはウリ、ナスビ。嫁に食わすも惜しゅうござる」と続く。「ヨメゴロシ」「ヨメノナミダ」「ヨメタタキ」など物騒な別名をもつ植物は少なくない。今どきは嫁と姑《しゅうとめ》が一緒になって婿をいびるそうだが…。あ、うちは大丈夫です。

雪花詰草

セッカツメクサ

マメ科

Trifolium pratense f. albiflorum

白い服着て涼やかに

目の前に咲くシロツメクサの花。でも、どこか様子がおかしい。四つ葉のクローバー探しで見慣れているはずだが…あれ、花のこんなにすぐ下に葉っぱなんてあったかな。記憶をたどる中、花がピンク色のムラサキツメクサがまれに白い花を咲かせることを思い出す。

そうか、ムラサキツメクサの白花種か。珍客との初対面に、夢中で写真を撮っていると、通りかかった花仲間が声をかけてきた。「あら、ネギ坊主？」。違います、白い花の…と説明すると、「この暑さじゃ花も白い服を着たくなるわよね」とひと言。

思わず納得しそうになる炎天下。そこへさらに別の花仲間が通りかかり、セッカツメクサ（雪花詰草）という名があることを教えてくれた。雪の花か。その姿を思い浮かべ、少しだけ涼しくなった気がした。

耳蝙蝠

開花ピーク　異臭放つ

ミミコウモリ

Parasenecio kamtschaticus var. kamtschaticus

キク科

野山では、五感を駆使して楽しむことを薦めている。特に実践してほしいのが匂いを嗅ぐこと。地味な花が意外にも良い匂いだったり、逆に、美しい外見からは想像もつかないほど悪臭を放ったり、匂いを嗅ぐことで花の名の由来が分かることもある。

開花のピークを迎えたミミコウモリ。花だけ見れば、山菜の王様と呼ばれるモミジガサ（シドケ）に似ているが、匂いとなると、甘い香りのモミジガサに対し、ミミコウモリのそれは異臭といっていいほど臭い。分かっていながら花を見つけては匂いを嗅ぎ、臭いことを確認している。そんな私を見て、アイヌ民族の血を引く友人が「ノンノチョプセオッカヨ」という名を付けてくれた。〝花に口づけする男〟という意味になるそうだ。なんだか、匂いを嗅ぐのが照れくさくなった。

蘿藦、鏡芋……ガガイモ……キョウチクトウ科 *Metaplexis japonica*

神々も実を割り「船」に

トンバス。地元の埼玉でガガイモのことをそう呼んでいたが、県内はおろか、同じ市内でもその名を知る人はほとんどいなかった。函館も然り。それでも子供たちの遊び方は共通で、秋に生る実を割り、中に詰まったシルクのような毛の付いた種を風に乗せて遊んでいた。「飛ばす」が転じてトンバスか。

野菜のオクラのような形をした実は二つに割ると船のような形になり、これを川に流して遊んだのも共通だ。『古事記』の中に大国主が国造りをする際、波のかなたより少彦名《スクナビコナ》が天乃羅摩船《アメノカガミノフネ》に乗って手伝いにくるという逸話があるが、その船の正体がこの実だという。実の形から連想して生まれた話なのだろうが、神代の昔から同じ目線でこの実を見ていたかと思うと、ちょっと感慨深いものがある。

草藤 クサフジ

マメ科
Vicia cracca

脅かされながらも健在

夏の夜に見るイカ釣り漁船の涼しげな青い明かり。クサフジの花を見ると思い出す光景だ。もっとも、函館山で初めてこの花を見たときには、ヨーロッパ原産の帰化植物ナヨクサフジと見間違い、ここにも侵入していたかと身構えていたものだ。

故郷で花の調査をしていた頃、クサフジの自生地に行くと、一面がナヨクサフジに代わっていた。明治の終わり、カイコの餌となる桑畑の緑肥として普及し、後に野生化した植物だ。「クサフジが消えるとは…」と、同行した花の師匠も驚くほどの繁殖力だった。

函館山では〝ナヨ〟のつかない本家クサフジが健在だ。だが、いつその座をナヨに追われるかは分からない。花言葉は「私を支えて」。男子たるもの、女性にそんなことを言われて黙っていたら男がすたる。

蛍柴胡

濃霧に黄色のこおり飴

ホタルサイコ

Bupleurum longiradiatum var. breviradiatum

セリ科

七十二候の一つ蒙霧升降（ふかききりまとう）の初日。この時季の函館山は雲をかぶることが多く、眺望目当てで訪れる旅人をがっかりさせることが多い。

こんな日はいつもと違う花の様子が見られますよ。雲に隠れた山頂に向かう旅人に、濃霧の中で撮影してきた花の画像を何枚か見せる。「わ、こおり飴《あめ》みたい」と、旅人が反応したのは、黄色いホタルサイコの写真。水滴をまとい、ガラス玉に閉じ込められたような姿は、確かに縁日で見かけるフルーツ水あめにも見える。

今日みたいに濃い霧の中でしか見られない光景ですよ。その一言に、旅人の表情が少し明るくなった。

その日の晩、お礼のメールとともに数枚の画像が届いた。色とりどりの「花のこおり飴」の画像は、どれも美味しそうだった。

「青い地球」働く想像力

ツバメオモト

燕万年青

ユリ科

Clintonia udensis

地球は青かった。ツバメオモトの瑠璃色の実を見て、そんな言葉が頭に浮かぶ。連鎖的に、赤くまだらに色づき始めたマイヅルソウの実が木星に見え、エゾアジサイの花が青く輝くアンドロメダ星雲に見えてくる。

じつは花より、天文好きの歴史の方が長い私。幼少時、叔父が見せてくれる星の図鑑は、暗くて怖い闇が続くだけだと思っていた宇宙のイメージを一変させ、次第に星の名や、星雲にアイリス、バラ、チューリップなど花の名がついていることも知る。正直、それほど似ていないと思ったが、想像力を働かせることが重要だと叔父に教わった。冒頭のガガーリンの言葉は、そのときに培った想像力によって出てきたものか。

ふと、オオカモメヅルの花が目にとまった。私はカモメ…か。函館山での宇宙の旅はまだまだ続く。

南蛮繁縷

虫のような珍妙な形

ナンバンハコベ

ナデシコ科

Silene baccifera var. japonica

昆虫標本に並べると、虫と思う人もいるだろう。ナンバン（南蛮）の名から、南蛮＝舶来＝外国のものと思い込み、外来植物と思っていた。江戸時代の国学者喜多村信節《のぶよ》は『嬉遊笑覧』で鴨南蛮について触れ、「昔より異風なるものを南蛮と云ふによれり」と記している。珍妙な形＝異国風＝南蛮という流れのようだ。

函館に移り住んだ当初、飲食店でナンバンを使った料理をよく目にした。季節はちょうど今頃。南蛮そばくらいしか思い浮かばなかった私は、ネギか鴨肉が使われているのだろうと思い、「ナンバンを大盛りで」と注文した。そう、ナンバンの正体は青トウガラシ。一瞬で味覚を奪われた私は、吹き出す汗と焼けるような舌のシビレを抑えるのに必死だった。夏になると思い出す、苦い、ならぬ辛い思い出だ。

梅笠草 ウメガサソウ

ツツジ科 *Chimaphila japonica*

三つの妖怪に変身

ウメに似た直径1センチほどの花、ウメガサソウが咲いていた。といっても、咲いているように見えたのは5枚の萼片《がくへん》で、白い花弁が開くのは数日先。妖怪ののっぺらぼうのようなつぼみの状態が続く。

のっぺらぼうから1週間、開花した花は受粉を済ませたのち、タネを作るために再び閉じてしまう。花びらが落ち、雌しべが黒ずんだその姿はまさに一つ目小僧。やがて葉も落ち、すっと伸びた茎の先に実がつく様子はさしずめろくろ首だ。怪談の季節にぴったりな花である。

落語『のっぺらぼう』では、妖怪に出合って驚く主人公が、逃げ込む先々で妖怪に会い、それが延々と繰り返される。私もこの日会うのはのっぺらぼう状態の花ばかり。花だと知りつつ、昼間でよかったぁ、と。

臭木

名前は「臭」いが甘い香り

クサギ

シソ科

Clerodendrum trichotomum var. trichotomum

「あら、甘い香り。何のお花?」。拾い上げて香りを確認した山ガールがたずねた。深く五つに裂けた花冠に、同行者の付けまつげのように飛び出した雄しべ。クサギだ。漢字では「臭木」の二文字が当てられるが、この花のどこが臭いのかと、山ガールは不満そうだ。

葉に強い臭気があると図鑑にはあるが、個人的にはゴマに似た香りで結構好きな匂いだ。臭い系の植物ということならヘクソカズラ(屁糞葛)が有名だが、あちらは看板に偽りなしの匂いを放つ。

他に臭い植物はないかと問われ、思い浮かんだのがクサスギカズラの名前。「臭過ぎるなんて、すごそうね!」と、目をらんらんとさせる山ガール。いや、そんなに期待されても…。「臭過ぎ」ではなく「草杉」であることは、下山するまで内緒にしておこう。

上溝桜 ウワミズザクラ

バラ科
Padus grayana

果実酒は「不老長寿の妙薬」

あの白い花のどこにこんなサンゴのような赤が…。3カ月前、ブラシのように、白い小さな花を穂状につけていたウワミズザクラが実をつけた。

その実を見て、友人が興味深い話をしてくれた。昔からこの実を漬けた果実酒は不老長寿の妙薬として珍重され、『西遊記』で知られる三蔵法師は、このウワミズザクラの実を求めて旅に出たというのだ。不老長寿の効果のほどは不明だが、たしかにその果実酒はおいしく、長寿に一役買いそうだ。

ちなみに、別名のアンニンゴは「杏仁子」と書き、杏仁豆腐の甘い香り成分「杏仁」に由来する。先述の果実酒もまさに杏仁風味だ。「あらそれ、ビワの果実酒と一緒ね…」。こうして始まる左党たちの酒談義。ほらほら、いっぱい花を見て。ん、花見て一杯？

鬼矢柄

オニノヤガラ

ラン科 *Gastrodia elata*

栄養 ナラタケ菌から

植物の中には、毎年同じ場所に出てくるものと、そうでないものがある。このオニノヤガラは後者の方。植物の大きな特徴である葉緑素を持たず、自分で作れない栄養は、秋の味覚、ボリボリの名で知られるナラタケ菌に提供を受けている。

大雛臼壺

オオヒナノウスツボ

ゴマノハグサ科 *Scrophularia kakudensis*

並んだおひなさま

ゴンドラに並ぶ二つの人影。おひなさまを思わせる花姿からこの名が付いたといわれる。一方、口をあけて餌をねだるひな鳥に見えることから「ヒナ」と付いたとする説も。並んだ雄しべからおひなさまを想像する先人のセンスに敬意を表し〝おひなさま説〟に1票。

サカネラン

逆根蘭

ラン科 *Neottia papilligera*

地下茎から逆立つ根

根が上を向いて伸びることから名付けられたというが、本当だろうか。実は単なるうわさではないかと疑いつつ図鑑を開くと、太く短い地下茎から逆立つように伸びる根の図が紹介されていた。なるほど、こういうことか。植物だけに、根も葉もあるうわさだった。

エゾノカワラマツバ

蝦夷河原松葉

アカネ科 *Galium verum subsp. asiaticum*

香り入浴剤のよう

小学生の頃、夏休みは祖母の家で過ごした。夕方になると銭湯に通うのが日課で、近所に住むお姉さんだろう、すれ違いざまに漂う入浴剤の香りにドキッとしたのを覚えている。そんな、ちょっとおませだった少年時代の記憶が、入浴剤のような花の香りと重なる。

咲きそろう

秋

ミゾソバ

タデ科

Persicaria thunbergii var. thunbergii

溝蕎麦

頬染める「純情」乙女

お向かいのギャラリーの庭先で、白いソバの花が風に揺れていた。さすがは古くから救荒作物として植えられてきたソバである。庭先の肥沃《ひよく》な土の上で咲く様子には、余裕さえ感じられる。

一方、溝のように湿ったところに育つミゾソバの繁殖力もなかなかのもの。茎の下部が地面をはうように広がり、上部は立ち上がってかわいらしい花をつける。花の色は白いものから薄紅色のものまで差が多く、顔を赤らめる乙女のイメージから来ているのだろう、「純情」という花言葉がこの花をいっそう可憐《かれん》に見せる。

さて、そばと言えば酒。山でミゾソバが咲き始めると、気温も20度を下回るようになるが、日本酒はアルコール度数と同じ気温で飲むのがうまいと酒の師匠に教わった。本当かどうか、今夜あたり試してみよう。

水玉草

ミズタマソウ

アカバナ科
Circaea mollis

朝露まとう姿に似て

夏の到来とともに咲き出して、かれこれ3カ月ほど咲いている花がある。ハート型の花弁を2枚持つミズタマソウだ。丈夫で成長が早いため、登山道整備のための草刈りで、度々他の植物とともに刈られてしまうが、いち早く成長しては花を咲かせる。

カボチャやメロンのように、花のすぐ下に小さな実をつける植物がある。その様子を子房下位《しぼうかい》というが、ミズタマソウもその特徴をもつ仲間だ。よく見ると、子房は細かい毛に覆われ、まるで朝露にぬれているかのように見える。「水玉」の名はそんな見た目からきているのだろう。早朝の森では、多くの草花が朝露をまとう姿に出くわすが、カラッと乾燥した秋の昼下がりに見ても、ひょっとしてぬれているのではないかと、ついつい手を伸ばしてしまう。

茜

アカネ

アカネ科
Rubia argyi

トゲ引っ掛け　分布拡大

秋の夕暮れといえば茜《あかね》色の空。一方、万葉の人々は夜が明けて明るくなってきた様子を「茜さす」と和歌で詠んだ。朝焼けか、夕焼けか、いずれにしても日本の伝統色である茜色からきた言葉だが、その元となったのが茜染めの原料で知られるアカネだ。

ツル性植物のアカネだが、巻きつく能力を持たない。代わりにツル全体が細かいトゲに覆われ、そのトゲを他の植物に引っ掛けて生育場所を広げていく。このトゲが厄介で、草むしりでうっかり引き抜こうものなら、軟弱な私の手などいっぺんでズタズタになる。渡島半島東岸部の言葉で〝ダメだ〟ということを「あかね」と言うと花仲間に教わった。アカネを素手でつかんだらあかね…。言った自分が恥ずかしくなるオヤジギャグに、顔が茜色に染まるのを感じる秋の夕暮れ。

卵茸

タマゴタケ

テングタケ科
Amanita caesareoides

目にした「妖精の輪」

写真を見て毒キノコと思われた方は、赤い傘の部分に白い斑点が入るベニテングタケと混同されたのだろう。斑点のないこちらがタマゴタケ。見た目によらず、食用だというから驚く。斑点の有無で容易に見分けられるが、ベニテングタケのそれは、強い雨で流れ落ちることもあるという。花と同様にキノコ類の採取も禁止されている函館山では、見るだけの方が無難だ。

私も何度か目にしたが、キノコはときに同心円状に生えることがある。ヨーロッパではその様子を「妖精の輪」と呼び、別の場所へ続く扉だと伝えてきた。

函館山麓のとある神社に、山の裏につながる祠《ほこら》があると聞いたことがある。ひょっとしてそれは妖精の輪だったのかもしれない。今度見かけたら中に入って…いや、やはり見るだけにしておくのが無難か。

ダイモンジソウ

ユキノシタ科

Saxifraga fortunei var. alpina

大文字草

5枚の花弁は漢字の「大」

放射状に伸びる5弁の花びらが漢字の「大」の字に見えるダイモンジソウ。見るたびに感心するが、今年も達筆ぞろいである。沢沿いの岩場など、水がさっと流れるような場所を好み、垂直な岩場に自生する姿は、水しぶきをそのまま花にしたようにも見える。

この花が、何者かに持っていかれたと聞いた。野の花は野山で見るからこそ美しいと分かっているだろうに。つい魔が差すのか、持ち去るやからがいる。

京都の夏の風物詩、五山送り火で知られる「大」の字は、陰陽道《おんみょうどう》の魔よけの印「五芒星《ごぼうせい》」をかたどったとも伝わるが、函館山に咲く五芒星は、人には通じなかったということか。せっかく咲いた野の花たちに、人類を代表しておわびをする。願わくは、秋空のように爽やかな気分だけを持ち帰りたいものだ。

長穂吾木香

ナガボノワレモコウ

バラ科

Sanguisorba tenuifolia var. tenuifolia

止血効果 剣豪の家紋に

「地楡《ちゆ》に雀紋《すずめもん》」。剣豪柳生宗矩《むねのり》で知られる柳生氏の家紋だ。地楡とはワレモコウの生薬名で、止血などの効能があるという。また、学名のSanguisorbaは、ラテン語の「血＋吸収する」に由来。洋の東西を問わず、止血剤として利用されていることが分かる。

生傷が絶えなかったであろう柳生氏が、その効能にあやかって家紋に取り入れた。十分にあり得る話だが、ではなぜスズメなのか。それはきっと、天下取りや剣術などとは無縁のスズメの暮らしぶりを見て「われもこうありたい」と、平和な暮らしを願ったのだろう。

花自らが「吾《われ》も亦《また》紅なり」と訴え出たという逸話にちなみ〝吾亦紅〟の字が当てられることもある赤いはずの花。それが何ゆえ白いのか。「紅色では野で目立ちましょう」。ふと、耳元で宗矩の声を聞く。

マユミ

ニシキギ科

Euonymus sieboldianus var. sieboldianus

真弓

娘の幸せ願う桜色

「その花の名は?」。季節外れのサクラのようにも見える〝満開〟のマユミの実を撮影していると、背後から女性の声がした。聞けば、幼い頃に住んでいた家の庭に、同じものがあったという。若くして他界した父と一緒に苗木を買いに行き、父亡き後、2度目の実を見る前に家を移転。以来、この木の名が気になっていたそうだ。

「失礼ですが、あなたマユミさんという名では?」。突然、名を当てられて驚く女性に、同名の娘を持つ友人が、庭にマユミの木を植えていることを説明する。

花言葉は「あなたの魅力を心に刻む」。学名のEuonymusはギリシャ語の「良い+名前」が語源。娘の幸せを願っての命名だろう。女性はうなずき、次は花を見てみたいと、来夏の再訪を約束して去っていった。

ムラサキシキブ

紫式部　シソ科

鳥に人に…愛され上手

Callicarpa japonica var. japonica

「愛され上手」という花言葉を持つムラサキシキブ。紫色の実が重なり合っている様子から、古くは「ムラサキシキミ（紫重実）」と呼ばれ、江戸時代の植木売りが、庶民の間で人気のあった読み物『源氏物語』の作者にあやかって名付けたとか。いつの世にも優秀なコピーライターがいるものだ。

函館山が雪に覆われた後も実は残り、野鳥たちの貴重な餌となる。アトリ、ツグミ、ヒヨドリなど、この木を訪れる野鳥は後を絶たない愛されぶりだ。

もちろん人も負けてはいない。高貴で上品な紫色の実は生け花にもよく利用され、実を焼酎に漬け込んだムラサキシキブ酒を好む左党も多い。かくいう私もその一人。飲みすぎて顔がムラサキシキブ色にならないようにと自重しつつ、今夜も一献。

フユノハナワラビ

ハナヤスリ科

Botrychium ternatum var. ternatum

冬花蕨

夏に姿を消す〝ヨット〟

黄金色の穂を立てる〝花〟を見つけた。フユノハナワラビ。「冬」が付く名は植物には珍しく、初めてその名を聞いたときは映画かドラマの題名かと思った。

シダ植物の仲間で、三角状に広がる葉（栄養葉）と、直立する花（胞子葉）の組み合わせがヨットのようにも見える。〝マスト〟の先のつぶつぶは胞子の入った胞子嚢《のう》で、花のように見えることから「花蕨《はなわらび》」、秋の初めに芽吹いて冬を越し（冬緑性）、夏には姿を消してしまうことから「冬」。花の姿がほとんど消えた森で見かけると、宝物でも見つけたような気分になる。

「シダ植物のように、花を付けずに胞子で繁殖する植物を『隠花《いんか》植物』と言います」とは東京の大学から来たという同行者。やれやれ今日はやけに漢字の多い山歩きだ。花の種類の多い季節でなくてよかった。

野蕗

ノブキ

キク科

Adenocaulon himalaicum

服につく「だっこんび」

零度を下回る気温に植物は凍えきり、図鑑ではなかなか見られない草木の表情が楽しめる季節に入った。

今朝見たノブキの実もユニークだった。こん棒型の緑の実は黒く変色し、霜で焼けたのか実の先端に付いていた粘着性の腺毛はカラカラに乾燥。あれほど衣服にくっついて登山者を困らせた〝ひっつきむし〟に、もはやひっつく力はない。

函館ではこの手の実を、「だっこんび」と呼ぶのだと花仲間の山じいに教わった。〝抱っこの実〟または〝抱き込み〟が転じたのが語源ではないかということだ。「子供の頃、仲のいい男女を『あの二人、だっこんびだ！』などと言って冷やかした」とか。

「ほら、あそこにもだっこんび」。指さす先に寄り添い合って寒さをしのぐ、2匹のエゾシマリスがいた。

ツチグリ

ディプロシスティス科
Astraeus hygrometricus

土栗

晴天…風まかせの旅人に

ヒトデ？　タコ？　不思議なものが目に留まった。キノコの仲間のツチグリだ。このキノコ、なんと移動するという特技をもつ。といっても、行く先は風まかせ。ヒトデ形の外皮は乾燥すると閉じ、球状になったツチグリは風に吹かれてコロコロコロコロ。朝露にぬれたり、湿り気のある場所にたどり着くと、外皮を開いて〝タコ〟に変身する。

カラッと晴れた日に移動することから、付いたあだ名が「晴天の旅人」。旅好きなタコの頭には胞子が詰まり、指で突くとタコのように胞子を噴き出す。

すでに誰かが突いたらしく、足の一本に胞子が積もっていた。気味の悪い姿が災いして、踏み潰されることも多いキノコだが、踏まれずにこんな細い道の真ん中で会えるとは。登山者の優しさが伝わってきた。

オヤマボクチ

キク科

Synurus pungens

雄山火口

季節外れのスポーツ刈り

3年ぶりにオヤマボクチの花と出合った。びっしりと生えるトゲトゲを見て思い浮かんだフレーズは「季節外れのスポーツ刈り」。その姿に、つい先日髪を切り過ぎたことを思い出し、途端に頭に寒気を覚える。いけね、何か温まることを考えねば。

そこで浮かんだのがオヤマボクチそばの話。そばに使うのは葉の裏をびっしりと覆う白い繊維質。マッチのなかった時代、この繊維を干し、火打ち石からの火花を受けて「火口《ほくち》」として使ったそうだが、長野県の飯山市富倉地区ではそばのつなぎに使った。

近年、そば粉本来の香りが楽しめる幻の味として、そば好きの間で評判だ。かくいう私も大のそば好き。温かいそばで熱かんをきゅっ…なんて妄想していたら、今度はおなかが空いてきた。忙しい体だこと。

エゾヤマツツジ

ツツジ科

Rhododendron kaempferi var. kaempferi

冬目前の「戻り咲き」

蝦夷山躑躅

年に一度、すべての葉が落葉する落葉樹。対して、落葉はするが一部の葉が越冬する半落葉樹。図鑑によれば、ヤマツツジは半落葉樹に分類され、その葉には〝春葉〟と〝夏葉〟の2種類があるという。

記述通りなら、今は春より小型の夏葉が冬支度をする時季。確認に行くと、とっくに咲き終わったはずの花が数輪咲いていた。俗に「狂い咲き」「戻り咲き」と呼ばれる現象だ。春葉より葉が小さい分、相対的に花が大きく見えてちょっと得した気分だ。

漢字では「躑躅」の2字を当て、どちらも「行きなやむ」「足踏みする」「ちゅうちょする」などの意味がある。春到来かと勘違いしてもちゅうちょなく花を咲かせるツツジのなんと潔いことか。寒さにちゅうちょしてなかなか布団から出られない私とは大違いだな。

白山菊

シラヤマギク

キク科
Aster scaber

岡本太郎が描いた太陽？

手元の図鑑によると、日本には約350種のキク科植物が自生し、100種以上の定着した帰化植物があるという。函館植物研究会の記念誌にも函館山で確認されたキク科植物として78種の植物が紹介され、函館山で一番種類の多いグループとなっている。

実際、秋の函館山を歩いていると、目に留まる花はほとんどがキク科の花である。しかも、紅葉に負けまいと、黄色や青、紫色などカラフルな花をつけるものが多く、むしろこれだけカラフルな山の中なら白い方が目立つのではないかと思うほどだ。もちろんそこはさすがに抜け目がなく、エゾゴマナとシラヤマギクは白い花で秋を彩る。咲き始めこそ良く似た両者だが、シラヤマギクは数日後には花弁がよじれ、芸術家の岡本太郎画伯が描く太陽のような姿になる。必見だ。

レンゲショウマ

キンポウゲ科

Anemonopsis macrophylla

蓮華升麻

ドレス着て踊る森の精

ある日の夕暮れ、花仲間が下山したその足で訪ねてきた。「このお花、なあに?」差し出すスマートフォンの画面には、下向きに咲く花が一輪。オダマキ…にしては葉の形が違う。既に辺りは薄暗いが、気にせずカメラをつかんで山に向かった。

謎の花を見に行く時、私の頭の中は大騒ぎになっている。白い花、長い茎に花一輪、中央部が青味を帯びる、ギザギザの葉、三つに分かれる茎…などの特徴を、頭の中の引き出しに入れっぱなしの情報と照合する。

数分後、画像で見た謎の花が現われた。やはりそうだ、レンゲショウマだ。函館山に咲くとは初耳だが、実際に目の前で咲いている。暗い森の中、白い花だけが漂うように見える姿は、ドレスを着た森の精がバレエを踊っているようにも見えた。

ツルニンジン

蔓人参

キキョウ科

Codonopsis lanceolata var. lanceolata

実の形は王冠状

季節外れのツルニンジンの花に出合った。周辺には花をつぶしたような形の実があり、その実を見て同行者が「ミルククラウンみたいね」とつぶやく。

牛乳にその滴が落ちる様をスローモーションで見ると、美しい王冠状の形が確認できる。それがミルククラウンだ。植物の姿に見慣れてくると、こうした見方も鈍ってしまうが、これまで登山や植物に縁がなかったと話すこの日の同行者の目には、そう映ったようだ。

茎をちぎると白い乳のような汁が染み出し、アイヌ民族は「乳汁の出るムク（ムクは花の名）」と呼ぶ。母乳の出ない女性のためのまじないに用いるそうだ。

ミルクづくしの説明が功を奏したか、「今日はツルニンジンの名前を覚えました」とお礼を言われた。花の名を覚えてもらえて、こんなにうれしいことはない。

オニドコロ

鬼野老

ヤマノイモ科
Dioscorea tokoro

まばらな雌花に「天狗の鼻」

雌雄異株《しゆういしゆ》といって、植物の中にはオスの花とメスの花が別々に咲くタイプがある。

オニドコロもそんな雌雄異株の一つ。歌川広重が描く土砂降りの雨のように密な状態で咲く雄花とは異なり、雌花は密を避けてまばらにつく。きっと、花のすぐ下の子房の成長を妨げないための工夫だろう。

成長した子房は「天狗の鼻」と呼ばれ、子供のころに鼻に貼り付けて遊んだ記憶を持つ方も多いのではないか。私も友人に教わって試したことがあるが、楽しさを見いだすことができない〝すれた〟少年だった。

経験的に実が豊作の年は大風の日が多い。風で落ちるのを見込んで多めに作っておくのか、案の定今年は台風の被害が多い。偶然だろうと思いつつも、並んだオニドコロの花が台風の予想進路図に見えてきた。

藪苧麻 ヤブマオ

イラクサ科

Boehmeria japonica var. longispica

繊維の多さ 名前の由来

「あのクリの花みたいな花は何ですか?」

クリという言葉に反応して反射的にこずえを見上げる私と、前方に咲くヤブマオの花を指さす都会から来た同行者。一瞬の沈黙と、一拍置いて生まれる爆笑の声。失礼、こちらでしたかと、頭の中をヤブマオ仕様に切り替える。

私の郷里では家の周りで当たり前のように見ることのできた花も、見慣れない人にとっては好奇心の対象となるようだ。日本語っぽくないヤブマオという名にもひかれたようで、「何の魔王ですか」と真顔で聞く様子に再び大笑い。

ヤブマオのマオは「苧麻」と書き、麻のような繊維が多いことを意味するのです…などという難しい話は今日の同行者には不要だな。

ノブドウ

ブドウ科

Ampelopsis glandulosa var. heterophylla

全国に伝わる別名も

野葡萄

ウシ、ウマ、サル、イヌ、ネコ、カラス…。ひと足早く年賀状の準備をしている方は、え?と驚かれたことだろう。これら動物名の後ろには「ブドウ」の3文字がつく。いずれも全国に伝わるノブドウの別名だ。

漢字で書けば「野葡萄《のぶどう》」。一方、葡萄の2文字に「牙」の字を付けると、ポルトガルの漢字表記になる。音読みで「ホ+トウ」、音からきた当て字だという。

日本に初めて持ち込まれたブドウ酒は、「珍酡《ちんだ》」の名で古文書に登場するポルトガルの赤ワインだったと聞く。お米で酒を造る日本人にとって、ブドウでお酒を造るとは、かなりショックだったろう。ブドウからお酒を作る国という印象が「葡萄牙」の字に現れたのではないか…。などと、解禁になったばかりのボージョレ・ヌーボーを飲みながら考える秋の夜更け。

莢蒾

ガマズミ

ガマズミ科

Viburnum dilatatum

酸っぱい味の真っ赤な実

「ジョミだよね」。青森からのお客さんたちの会話が耳に入る。やっぱりそう呼ぶのかと振り向くと、彼女たちの視線の先に真っ赤なガマズミの実があった。

ジョミという別名を知ったのは数年前、岩手県遠野市で開催された「マタギサミット」と呼ばれるイベントに参加したときのこと。交流会で意気投合した青森県のハンターの一人が、これを飲んでおけば二日酔いしないよと渡してくれたのが、赤い木の実がラベルに描かれた小瓶。赤い実の正体はガマズミで、東北ではジョミと呼んでいるということだった。

あの酸っぱい実のエキスなら、確かに二日酔いに効きそうだ…と油断したのが運の尽き。父さんは下戸でジョミの効果は酒豪たちの受け売り。翌日の市内観光は、猛烈な頭痛との闘いだったことは言うまでもない。

イヌタデ

犬蓼

タデ科

Persicaria longiseta

役に立ちたい「赤まんま」

日本全国で目にする身近な花のイヌタデ。赤い花のつぼみを赤飯に見立て、ままごと遊びに使われることから「赤まんま（飯）」とも呼ばれ、北海道から沖縄まで、俗称のアカマンマの名の方が有名な花だ。

一方、「犬＝役に立たないもの」＋「蓼《たで》」というイヌタデの名の由来を、犬好きの私はいまだに納得できない。犬が役に立たないとは何事か。そこで「イヌ」について調べてみると、「否《いな》」に由来するという説に行き着いた。「食べられないタデ」なので「否」がつけられ、否がイヌに転化したのだという。

役に立たないといういわれのない名をふびんに思ったのか、ついた花言葉は「あなたの役に立ちたい」。気がつくと、いつもすぐそばで風に揺れ、懐かしい記憶を思い出させてくれる、幼なじみのような花だ。

ヤナギタンポポ

柳蒲公英

キク科

Hieracium umbellatum

踊り子のような立ち姿

冷たい風に揺れる黄色い花。タンポポにしては茎が細く、コウゾリナなら黄色い頭花のすぐ下の〝ささくれ〟に剛毛が確認できるはず。ならばタンポポモドキの別名を持つブタナかとも思いきや、地面に張り付くように広がる根生葉が見当たらず、茎の高い位置までヤナギを思わせる葉がついている。その葉を見て、ようやくヤナギタンポポにたどり着く。

周囲の仲間はすでに種をつけ、この株だけが倒れながらも茎を起こして花を咲かせる。その様子を見ていると、頭の中でチャイコフスキーの「くるみ割り人形」の曲が流れ始めた。理由はダリが描いたタンポポを擬人化したバレリーナの絵。踊り子の腕の線が、目の前の花のくねっとした立ち姿と重なるのだ。名曲と名画、思いがけずこの秋最後の芸術鑑賞となった。

ヤマシャクヤク

山芍薬

ボタン科

Paeonia japonica

妖艶な姿 愛しのカルメン

秋色に染まり始めた函館山。ヤマブドウ、イタヤカエデ、オオカメノキ。きっとこのあたりが色づき始めているのだろう。そして、愛しのカルメンも。

4カ月前、花言葉もそのままに、はにかむように咲いていたヤマシャクヤク。その実が、秋の風に反応して〝開花〟した。花の頃とは異なり、大胆かつ妖艶なその姿は、真っ赤なドレスを翻しながらフラメンコを踊る歌劇のヒロインを想像させ、私はひそかにヒロインの名であるカルメンと呼んでいる。

丸い濃紺の実も、ザクロのような赤い実も、元は同じものだが、うまく受粉したものだけが結実して、子孫を残す濃紺の種となる。一方、結実できなかったとはいえ、赤い実はその艶やかな色で鳥を呼び、遠くに種を運んでもらおうと真紅のドレスを翻すのだ。

紫湿地

ムラサキシメジ

キシメジ科
Lepista nuda

見つめる先には冬将軍

海に向かって〝咲く〟ムラサキシメジの姿に、一瞬、イースター島の「海を見つめるモアイ像」を想像する。辞典には南米を除く世界中に分布とあるこのキノコを見て、分布エリアに入らないかの地の石像を思い浮かべるとは、七不思議ばりの奇妙な話だ。

ラベンダーやライラックなど、北海道をイメージさせる紫色は、北海道新幹線の車体の一部に採用されている。「彩香《さいか》パープル」と名付けられたその色をまとうムラサキシメジは、北海道らしい色のキノコといえるだろう。

さて、くだんのモアイの視線の先は、かつて王様が渡って来た島のある方角だと聞いたことがある。ムラサキシメジが見つめるその先は…。キノコが呼んだのか、翌日、函館山に冬将軍が渡って来た。

ラセイタソウ

イラクサ科

Boehmeria splitgerbera

羅背板草

ざらっとした葉の感触

ビロードソウという別名が示すとおり、葉の表面は織物を思わせる。ざらっとしたなんともいえない感触がクセになり、いつまでも触り続けてしまうのだが、そんな私の様子を見たのか、旅行者らしき若いカップルが葉に触り始めた。「なにこれ、気持ちわるーい。お父さんのポロシャツみたいじゃない？」

　気持ち悪いと言いつつしばらく触り続ける不可解な行動が気になったが、たしかに鹿《か》の子のポロシャツに感触が似ている。彼氏の方が植物の名を尋ねてきたのでラセイタソウの名を教えると、「ラセイタ？　ねぶたっぽいですね」と一言。植物の名に、「ラッセラー」という祭りの掛け声を連想するとは。若者のセンスに感心しつつも、着ているポロシャツが見えないように、そっと上着のチャックを引き上げた。

蝦夷黒梅擬

エゾノクロウメモドキ

クロウメモドキ科

Rhamnus japonica var. japonica

虫も刺さる鋭いとげ

相変わらずトゲトゲした木である。飛行機内への持ち込みはまず断られるであろうそのとげは、実際かなり鋭く、子供の頃は棒手裏剣を作って遊んだ。ある日、手裏剣の材料を採りに森に行くと、目的のとげにトカゲやバッタ、カエルが刺さっていた。「はやにえ」という野鳥のモズの仕業だが、そんな習性など知らぬ私は、悪魔のまじないか、謎の原住民による儀式ではないかと妄想が膨らみ、すっかりビビッてしまっていた。不意に奥の茂みからガサッと音がしたものだからさあ大変。ギャーと叫びながら一目散にその場から逃げ出した…。そんなことを思い出し、ついついニヤリ。寒空の下、木を見ながらニヤニヤしているおじさんがいるかもしれませんが、怪しいものではありませんのでご安心を。

深山苦瓜

ミヤマニガウリ

ウリ科
Schizopepon bryoniifolius

「実」に遊び道具の記憶

スズメウリというツル性の植物がある。雌花の根元にまん丸の小さな実（子房）が生り、子供のころの遊び道具だった。函館山で初めてミヤマニガウリの実を見たとき、ずいぶんいびつなスズメウリだなと思った。まあ、ゴムパチの弾にするには問題ないが。

男郎花

オトコエシ

スイカズラ科
Patrinia villosa

腐敗したしょうゆの香り

オトコエシの生薬名「敗醤《はいしょう》」とは、腐敗したしょうゆのこと。干した根を煎じると、それはそれは臭いそうだ。一方、花は甘い香りがして、美しいアサギマダラが度々吸蜜に訪れる。同じ「オトコ」の私はどちらのにおいをまとうのか。願わくはチョウに来てほしい…。

蔓竜胆

ツルリンドウ

Tripterospermum japonicum var. japonicum

リンドウ科

食欲をそそる赤い色

なんともおいしそうな色艶をした実である。どんな味かと思わず手が伸びるが、苦いことで知られる熊の胆《い》よりも苦いので「竜胆」の字が当てられたという話を思い出してその手が止まる。「はい、これ」。想像して顔をしかめる私に、同行者があめ玉をくれた。

這犬榧

ハイイヌガヤ

Cephalotaxus harringtonia var. nana

イチイ科

地をはうように成長

初めてその名を聞いたときには「ハイイヌ」を「飼い犬」と聞き間違い、世田谷や千駄ヶ谷など、地名の「がや」の音を思い浮かべた。地をはうように育つイヌガヤだからハイイヌガヤ。説明がなければいまだに頭の中は「がや」の付く地名巡りを続けていただろう。

白膠木

ヌルデ

ウルシ科 *Rhus javanica var. chinensis*

虫こぶ お歯黒の原料に

虫こぶが「お歯黒」の原料として利用されるヌルデ。民俗学者柳田国男の著書『妖怪談義』に、夜中に飛んで来て人の頭を包んで襲う「ノブスマ」という妖怪が出てくる。どんな名刀でも切ることはできないが、お歯黒で染めた歯であればたやすくかみ切れるそうだ。

猿捕茨

サルトリイバラ

サルトリイバラ科 *Smilax china*

大阪では「かしわ餅の葉」

大阪で暮らしていた頃、かしわ餅の葉にサルトリイバラの葉が使われていて驚いた。調べると、「かしわ」は「炊し葉」と書き、食材を蒸すときに敷いたり包んだりする葉のこと。葉で包み蒸した餅は、葉の種類にかかわらず、すべて「かしわ餅」になるのだ。

咲き備える
冬

菊渓菊

キクタニギク

キク科

Chrysanthemum seticuspe f. boreale

雪の中　自己主張強く

「『菊』の字が2度出てくるなんて、ずいぶん自己主張の強いキクね」。この日の同行者がつぶやいた。その昔、キクの名所とうたわれた京都は東山の菊渓《きくたに》に多く自生していたことから「菊渓菊」と名付けられたと説明すると「キクの名所を代表する、一番美しいキクってことね」。そうですねと同意する。

図鑑には、分布の北限は岩手県とあり、函館山のものは斜面ののり面緑化で定着した〝外来種〟なのだとか。除去すべきという話が度々持ち上がるが、この可憐《かれん》な花を引き抜く勇気を私は持ち合わせていない。

函館山では一年で一番遅くに咲く花だが、そういえば、今年最初に見たヤマネコノメソウも黄色い花だった。黄色に始まり、黄色で終わる函館山の花。そして、私が一番好きな真っ白な函館山の季節が始まった。

シシガシラ

獅子頭

シシガシラ科

Blechnum nipponicum

人気のラグビー　女神も夢中

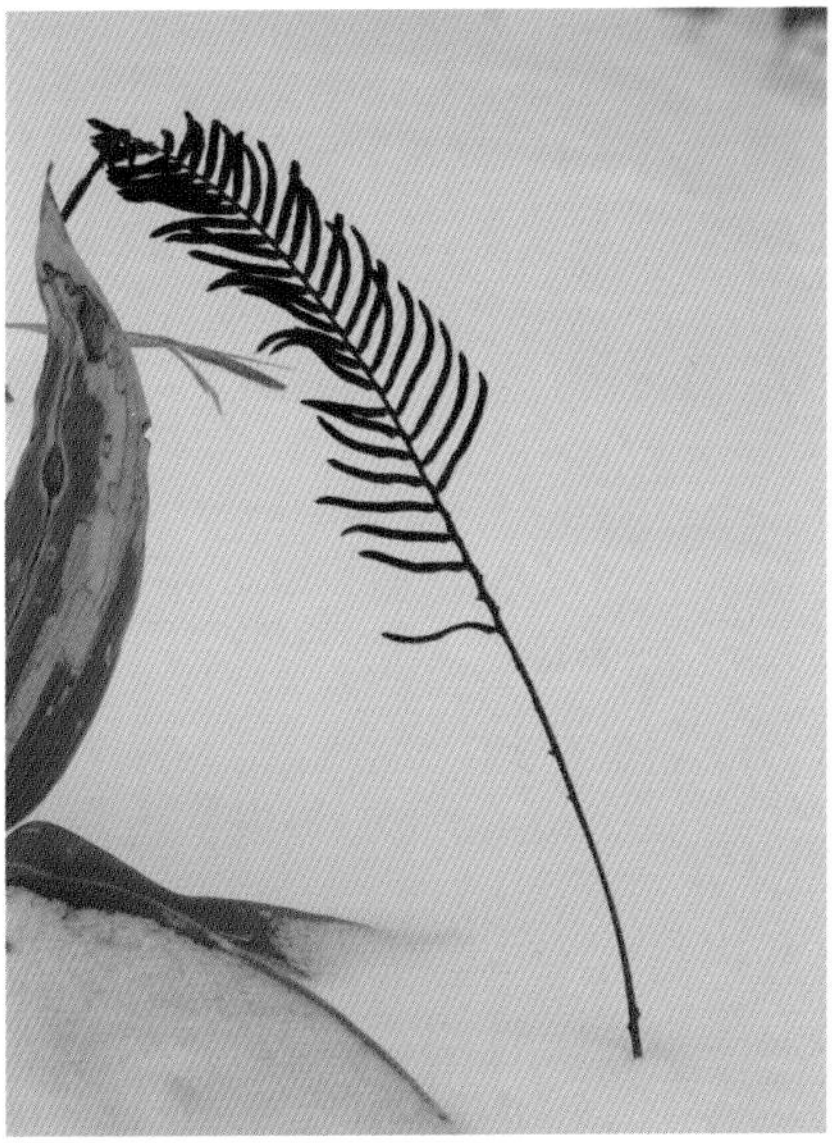

雪の中に一枚だけ取り残されたシシガシラと出合った。獅子のたてがみの面影はなかったが、白い大地に突き刺さった羽根のような姿は、天使からのメッセージのようで、同行者一同しばらく見とれていた。

写真の出来を確認していると、横で見ていた花仲間がぼそりと言った。「ラグビーのチームみたいね…」白と黒の配色こそ逆だが、ラグビーの強豪、ニュージーランド代表のオールブラックスのチームロゴのことだろう。黒地に白く描かれるシダ模様は、ニュージーランドに自生する巨大シダ「シルバー・ファーン」の葉がモチーフ。先住民族のマオリ人の間では信仰の対象とされた植物でもある。

日本チームの活躍で、人気上昇中のラグビーだが、函館山の女神はオールブラックスびいきなようだ。

糊空木

ノリウツギ

アジサイ科

Heteromalla paniculata

花姿 雪にも負けず

「ノリウツギの花がなくなるまで帰ってくるな、か…」。寡黙な花仲間が独り言のようにつぶやいた。夏の盛りに真っ白なアジサイに似た花を咲かせるノリウツギ。夏の終わりには枯れてしまうが、花に見える装飾花はそのまま散らずにドライフラワーとなるものが多く、花姿を保ったまま冬を越すものも珍しくない。

一年を通じて花がなくならないように見えることから、出戻ることのないようにとの願いを込めて「ノリウツギの花がなくなるまで…」と娘を嫁に送り出す話を、花仲間が教えてくれた。

冬でも散らない花に願いをかけ、雪の中で花姿を見るたびに、嫁ぎ先で幸せに暮らす娘の姿を思い出させてくれるノリウツギ。花を見つめる花仲間のまなざしが、いつになく優しく見えた。

犬雁足

イヌガンソク

コウヤワラビ科
Pentarhizidium orientale

立ち枯れた胞子嚢　芸術的

芸術的な姿で立ち枯れるイヌガンソクの胞子嚢《のう》を見て、江戸時代後期の越後の商人鈴木牧之が新潟県魚沼地方の生活を紹介した「北越雪譜」の一節を思い出した。この地の羽根突きは、ヤマドリの尾羽を3本使った大きな羽根を、雪掘り用の木鋤《すき》で力任せに突き合うという。今も同県の豪雪地帯では、小正月に「ハネッケーシ（羽根返し）」と呼ばれる伝統行事を行う地区があるそうだ。

江戸の昔、お正月に行う羽根突きは夏の蚊よけのおまじないだったと、以前紹介したことがある。越後の蚊が江戸の蚊より大きかったわけでもあるまいが、夏山で蚊の羽音の大音量が迫るたびに、巨大な蚊の姿が頭にちらつく。「ブスリ」。夏に備え、聞こえるはずのない音を振り払うように羽根を突く松の内。

雄羊歯

〝見えないタネ〟にロマン

オシダ

オシダ科 *Dryopteris crassirhizoma*

夏には1メートルを超える葉を開くオシダが、寒さから身を守るように縮こまっていた。正月飾りのウラジロなど、古来より日本では、シダを縁起物として扱ってきたが、ヨーロッパでは神秘的な植物とされた。

植物学者の栗田子郎先生の手記によると、中世ヨーロッパではシダは目に見えない透明なタネをつけると信じられたという。目に見えない透明なタネの〝効用〟として、透明人間になれる、鳥や獣と話ができるようになる、黄金を掘り当てることができる…と紹介されている。

現代の私たちにしてみればおとぎの世界の話だが、日本でもかつて金鉱を見つけるのにある種のシダが使われたという記録がある。どれ、今年は見えないタネを見つけてみようか。

沢柴

サワシバ

カバノキ科
Carpinus cordata

〝雷〟出現、何の予兆？

朝日に照らされた雪の上に、サワシバの花穂が落ちていた。昨夜の強風で飛ばされてきたのか、はたまた、解けた雪の中から現れたのか。

サワシデの別名があるとおり、クマシデやイヌシデなどシデの木の仲間だ。シデは漢字で「四手」と書き、しめ縄や玉串、御幣などに垂れ下がる紙垂《しで》のこと。特徴的なギザギザとした形は雷光をデザインしたもので、強力な稲妻の力で邪悪なものを追い払うという。

北陸や東北の日本海側の地域では、冬の雷のことを「雪起こし」と呼び、雷が眠っていた雪を起こして大雪をもたらすといわれている。一方、立春を過ぎた後の雷を「春雷」と呼び、春の訪れを告げると伝える地域もある。さて、突如雪の上に現れたサワシバの〝雷〟はどちらを伝えるものなのか。

大葉夜叉五倍子

山中で発見「松」と「朝日」

オオバヤシャブシ

カバノキ科

Alnus sieboldiana

函館山の最高峰、御殿山の標高は334㍍。麓の街より3分早く朝日が拝めると知り、花仲間と3分早い初日の出を見に行くことに。ところが雲が多くて日の出は不発。ならば代わりにと、目の前のオオバヤシャブシを紹介する。緑色の雄花穂の冬芽がめでたい松、左の丸い「ヤシャ玉」は雲をまとった朝日。どう？「松はともかく、これなら俺の頭の方が初日の出らしいな」と、帽子を脱いで見事な〝御来光〟を披露する大先輩。デリケートなネタに微妙な空気が漂う中、花仲間がヤシャ玉の意外な使い方を教えてくれた。

水槽にヤシャ玉を入れるとコケの繁殖を抑え、水質も軟水に変えるというのだ。新年早々賢くなったと喜ぶ一同。ヤシャブシに「ハゲシバリ」の別名があるなんて話でぶり返すのはやめておこう。

富貴草

シカの忌避植物 今は…

フッキソウ

ツゲ科

Pachysandra terminalis

雪の中のフッキソウは柔らかそうでおいしそうにさえ見える。同じことをエゾシカも考えるようで、アイヌ民族の言葉でフッキソウを意味する「ユクトパキナ」(シカ+群れ+草)は、シカが群れになって食べに来ることに由来するそうだ。

ところが、シカはフッキソウが苦手だと聞いたと同行者が言い出した。調べてみると、確かにハンゴンソウやイケマなどと並んで、シカの忌避植物に分類されている。さらに調べてみると、近年、根の部分には苦味の少ないことを学習したシカが、フッキソウを引き抜いてはその根を食べ荒らしているというのだ。

そういえば、以前訪れた静岡県の林業家も、昔は食べなかったお茶の葉を最近のシカは食べるようになったと話していた。生きるためとはいえ見事な対応力だ。

水引

手抜きない細かな造作

ミズヒキ

タデ科
Persicaria filiformis

カメラをのぞき込んだ瞬間「しまった！」と思った。先ほど雪で滑った時にどこかにぶつけたのか、レンズにひびが入ってしまった…と思ったら、ひびに見えたそれは立ち枯れたミズヒキの細い花穂であることが分かり、ほっとした。

和名は祝儀や贈答品の包みにかける飾り「水引」に由来するといい、2ミリほどの赤い小さなつぼみは下から見ると白い色をしている。輪を作ると、上下が入り乱れて紅白のつぼみが散りばめられ、縁起のいい色合いの輪ができる。

小さなつぼみにも見飽きた頃、素通りするハイカーの足元で、つぼみはこっそり花開く。花弁に見える4枚の萼《がく》をよく見ると、上下半分のところで赤と白に二分され、手抜きのない細かい造作に感心する。

紅茶碗茸

波打つ赤色　炎のよう

ベニチャワンタケ

ベニチャワンタケ科
Sarcoscypha coccinea

海の向こうでは「スカーレット・エルフ・カップ（妖精の赤いカップ）」の名で呼ばれるベニチャワンタケ。スカーレットとは、やや黄味を帯びた赤い色の名で、欧州では伝統的に炎を象徴するという。波打つ赤いキノコの姿は揺らめく炎のようにも見え、スカーレットという言葉と炎の色に、映画「風と共に去りぬ」を思い起こす方もいるのではないだろうか。かく言う私もその一人。山でこのキノコを見るたびに、頭の中で挿入曲「タラのテーマ」が鳴り響く。

ヒロイン、スカーレット・オハラが愛した故郷の農園の名前「タラ」。ベニチャワンタケの傍に生えるタラノキの新芽を見て、再び映画の世界にいざなわれてしまう自分に思わずニヤリ。さあ、間もなく南風と共に冬が去り、待ちに待った春が始まる。

白狐盃擬

シロキツネノサカズキモドキ

ベニチャワンタケ科
Microstoma macrosporum

突くと胞子出す特技

イソギンチャクを思わせる小さなキノコが目に留まった。シロキツネノサカズキモドキ、前項ベニチャワンタケの仲間だ。「茶碗」より小さな「杯」の大きさは直径約1センチ。その名の通り、キツネが持つ杯にちょうどいい大きさである。

面白いことにこのキノコ、杯をちょんと突くと、一拍置いて胞子を噴き出すという特技を持つ。雨粒の刺激に反応して胞子を放つ仕組みなのか、強い風に反応して胞子を遠くに飛ばそうとする知恵なのかは分からないが、「キツネ」と付くだけあってなかなか賢い。

もっとも、お酒好きの花仲間には、熱かんの杯から立ち上る湯気にしか見えないとか。なになに、キツネだけに一コンついでくれ？　そんな寒いギャグだと風邪ひいちゃうよ。コンコン…。お後がよろしいようで。

イボタノキ

水蝋木

モクセイ科

Ligustrum obtusifolium

滑り剤のろう、虫が分泌

小学生の頃、級友宅でおじいさんが敷居をせっけんのようなもので磨いていた。興味津々な私に気付き、「イボタロウだ」と言って手の中のものを見せてくれた。桃太郎なら知っているが、どんな昔話だろう。「イボタ蠟《ろう》」だと知るのは、まだずっと先のことだった。

イボタノキの樹液を好むイボタカイガラムシという虫がいる。この虫が分泌するろうを精製したのがイボタ蠟だ。暑い夏にも溶けず、べたつかないことから、仏像や木製品の艶出し、滑り剤として利用されてきた。

イボタノキは、イモムシに葉っぱを食べられないよう、葉の中にたんぱく質の栄養をなくす酵素を忍ばせている。どれだけ食べても栄養にならず、やがてイモムシはこの葉を食べなくなる。あ、食後にイボタの葉を食べてもダイエットできませんので悪しからず。

ツルアジサイ

アジサイ科
Calyptranthe petiolaris

蔓紫陽花

冬景色…枯れても面影

1878年（明治11年）夏、函館を訪れた英国人女性紀行作家のイザベラ・バードは、平取に向かう旅の途中でツルアジサイと思われる花を度々目にしたと、著書「日本奥地紀行」で書いている。偏見を持たず、観察眼に優れた彼女が雪の中のツルアジサイを見ていたらどのような描写をしただろうか。雪の函館山で枯れたツルアジサイを見ると、そんな思いが頭に浮かぶ。

ハマナス、トリカブト、ツリガネニンジン、エゾカンゾウ…。バードが見たという花の名を思い出しては、夏にあそこで見たっけ、去年はたくさん花をつけたよなぁなどと、記憶を引っ張り出しながら、雪に覆われた函館山をさらに進む。実物の花こそ咲くことのない冬の函館山だが、実はこうして、意外と多くの花たちに会っているのである。

大痛取

オオイタドリ

タデ科

Fallopia sachalinensis

地元で「どんげ」由来は?

「火の鳥!」「どんげ!」。散策中に現れたオオイタドリの種を見て、花仲間と私が同時に声を上げた。

私が叫んだ火の鳥とは、手塚治虫さんの漫画でもおなじみの伝説の鳥のこと。連なる種の様子から火の鳥の尾羽を連想したのだが、どんげって何?

函館育ちの花仲間によれば、子供の頃からオオイタドリを「ドンゲ」と呼んでいたそうだ。調べると北海道での呼び名としてドングイ、ドンガイも出てくる。

前年の夏、渓流釣りに誘われたときに、オオイタドリの自生するやぶに寄った。目的は茎の中に潜むイタドリムシ。ヤマメが面白いほど釣れる魔法の餌ということだったが、釣果はゼロ。釣りそっちのけで河原の花に夢中の〝花の虫〟の私が釣りに誘われることは二度となかった。ドンゲの名の由来は謎のままだ。

麝香草

キキョウ?と思ったら…

ジャコウソウ

シソ科 *Chelonopsis moschata*

キキョウだろうか。浅く五つに裂ける花の形から一瞬その名が浮かんだ。いや、それにしてはサイズが小さすぎるし、そもそも函館山にキキョウはないはず。

ツリガネニンジンかと言えば、似てはいるがこちらも別もの。薄紫色の釣り鐘型の花が、立ち枯れた姿で冬を越すという話は聞いたことがない。では一体何者か。雪解け以降、この場所で咲いては消えていった花たちの姿を思い出す。だが当てはまるものが出てこない。ひょっとして、花ではないのか。そう考えた瞬間、夏の終わりに咲くジャコウソウの姿が頭に浮かんだ。

1週間ほどで花は落ちるが、残った萼《がく》がこんな形をしていた。間違いない、確かにこの場所でジャコウソウが咲いていたっけ。やれやれ、これで下山できる。持参したポットのコーヒーがやけに美味しく感じた。

大姥百合　オオウバユリ

ユリ科　*Cardiocrinum cordatum var. glehnii*

春を迎えに雪ガブリ

残雪に頭を突っ込むオオウバユリを見かけた。いくつもの口がむしゃむしゃと雪を食べているように見える姿に、これなら一気に雪もなくなるはずだと妙な納得をする。

このユリ根を食料として利用したアイヌ民族の人々。彼らに伝わるユーカラ（叙事詩）に、オオウバユリとギョウジャニンニクが一緒に旅に出る話がある。旅の最後、ようやく集落の長に自分たちが食べ物だと気付いてもらえた二人は、仲間を連れて神の国へ引き上げるのを思いとどまる。長が気づかなかったら、こうして会うこともなかったかも…。

そういえば、千島のアイヌ民族の言葉でオオウバユリを「ハル」と呼ぶ。なるほど、一生懸命に雪を食べていたのは〝春〟を迎えに行っていたわけか。

仙人草

ふわふわ 白く長いひげ

センニンソウ

キンポウゲ科
Clematis terniflora

雪解けの遅れたやぶがあるのに気がついた。近づくとそれは雪ではなくセンニンソウの実から伸びるサンタクロースのひげのような白い綿毛。ふわふわの毛を触りながら、昔なら白い長いひげといったら仙人を想像したのだろうと、名前の由来を推理する。

つる性の植物で、日当たりの良い場所では、旺盛な繁殖力でやぶを覆ってしまうことも珍しくない。花が咲くのは9月の秋の初めごろ。花びらに模した白い萼《がく》が十字に開き、やぶ一面に咲くその光景は、これまた雪をまとったように見える。

ところで、芥川龍之介の「仙人」に、仙人になる術が書かれている。「松の木の梢《こずえ》にのぼり、右手を、続いて左手を離す」。主人公の権助は空を飛ぶ技を身につける。あ、フィクションですからね。

大亀木

想像力かき立てる冬芽

オオカメノキ

ガマズミ科 *Viburnum furcatum*

　花のない時季の山の楽しみ方に、冬芽の観察がある。枝先や枝の途中につく勾玉《まがたま》のようなつぼみのことだ。花の形に個性があるように、冬芽の形にもそれぞれ特徴がある。冬芽を見ただけで何の木であるかが分かる人もいるが、あいにくと私はそれほど勉強熱心ではない。自信を持ってそれだと分かるのは、ウサギの耳を連想させるこのオオカメノキの冬芽くらいのものだ。もっとも、人によっては別のものに見えるらしく、「バンザイしているウルトラマン」「SF映画の宇宙船ね」。「丘の上に並ぶポプラの木よ」とは、この日の同行者。その後も、冬芽をお題にああだこうだと会話の花が咲く。

　冬眠中の虫が動き出す啓蟄《けいちつ》を目前に控え、花仲間のおしゃべりの虫も目覚め出したようだな。

アイヌ民族は樹皮で鍋

白樺

シラカバ

カバノキ科

Betula platyphylla

シラカバがトレードマークの白い皮をひらひら風になびかせている。その姿は神社の鳥居などに下がる紙《し》垂《で》にも見え、同行者はアイヌ民族の祭事で神霊のより代に使うイナウを連想するという。紙垂とイナウ、どちらも神聖なものだということで、行きそびれていた初詣をその場で済ますことにした。

アイヌ民族の人々は大きく剥ぎ取ったシラカバの樹皮を即席の鍋として利用すると「アイヌ植物誌」（福岡イト子著）で紹介されている。鍋焼きうどんを作って食べた著者は、木の香りの染みた味を大絶賛する。

数年前、十勝管内大樹町でシラカバの樹液で割った焼酎を飲んだ。あれをシラカバの鍋で燗《かん》したらどれほどおいしいだろう。シラカバに手を合わせながら、そんなことを考える氷点下6度の函館山。

大葉子

葉に包めばカエル元気に？

オオバコ

オオバコ科

Plantago asiatica var. asiatica

枯れてもなお〝花開く〟ツルアジサイの背後に、2本のオオバコの花穂が立っていた。遊び道具としてもおなじみの植物で、摘んだ花穂を交差させて引っ張り合う「草相撲」で遊んだ人も少なくないだろう。

私の兄にいたっては、オオバコの葉にカエルを包み、土に埋めるという遊びをしていた。こうすると動かなくなったカエルが元気に生き返る、とかなんとか…。長年半信半疑ではあったが、高校時代に読んだ小林一茶の「おらが春」の〝蛙《かえる》の野辺〟にも同じような遊びが紹介されていて、少し兄を見直した。

オオバコの異称「蛙葉」は、葉で包んだカエルが生き返るという俗信に由来するそうだ。なるほど、目の前に〝咲いた〟ツルアジサイも、オオバコの効能にあやかったのかもしれないな。

橅針茸

ブナハリタケ

倒木にびっしり　森の味覚

エゾハリタケ科
Mycoleptodonoides aitchisonii

森の中にひと抱えほどある木が倒れているのが目に留まった。好奇心に誘われて近づくと、倒木に積もった雪の上にキタキツネの新しい足跡が一つ、二つ、三つ…。一体何をしていたのか足跡を目で追うと、海を漂うクラゲのような5センチほどのキノコがびっしり。かじった跡はなく、食べられるかどうか迷っているところに私が現れ慌てて逃げたのだろう。倒木から続く足跡の先に、こちらの様子をうかがうキツネの姿があった。

家に戻り、キノコ師匠にくだんのキノコがブナハリタケだったことを教わり、以前、秋田の旅館で出されたカノカと呼ばれるおいしいキノコの名がそんな名であったことを思い出した。明日、あのキツネに会ったら「うまいぞ」と教えてあげよう。

蝦夷野紺菊

枯れてなお咲く幸福感

エゾノコンギク

キク科

Aster microcephalus var. yezoensis

「なんだか見たことのない花が咲いてたわよ」。歩き出して間もなく、すれ違った花仲間が教えてくれた。こんな時期に花？　雪道を歩くこと40分。冬でも咲いていそうな花をあれこれ考えながら先を急いだ。

ほどなく対面した〝花〟は、予想していたものとは大きく違っていた。咲いているように見えたのは、花の土台となっていた総苞《そうほう》と呼ばれる部位で、確かに花が咲いているように見える。近くには綿毛のついた種をつけているものもあり、秋にここで咲いていた花の姿を覚えていた私には、ノコンギクの北方型のエゾノコンギクであることが分かった。

散った後も花を思わせ、見る者を幸せな気分にするエゾノコンギク。「長寿と幸福」というノコンギクの花言葉は、「エゾ」がついても引き継がれている。

赤松

映画の〝巨人〟を連想

アカマツ

マツ科

Pinus densiflora

観音コースの中腹にアカマツの老木が育つ森がある。竜のように曲がりくねったり、二股に分かれたり、幹周りが2メートルを超すものなど個性派がそろう。中でも、映画「ロード・オブ・ザ・リング」に出てくる木のような巨人「エント」を思わせる老木は、話しかけたら応えてくれそうな雰囲気を漂わせ、ついつい心の中でこの森の成り立ちを尋ねてしまう。

江戸時代後期、蝦夷地見回りに来た幕府の役人が見た函館山は、無残なハゲ山だったと記録にある。箱館奉行は植林の定めを出し、七重村の農民倉山卯之助や、海運業を営んだ豪商高田屋嘉兵衛が植林を行っている。〝巨人〟がその時植えられたものかは不明だが、もしそうなら樹齢は200年超。太さ、枝ぶりとも貫禄は十分。神々しい日差しの中、〝巨人〟の答えをじっと待つ。

羽団扇楓

天使の翼みたいな種

ハウチワカエデ

ムクロジ科

Acer japonicum

汐見山コースを歩いていると、立ち止まったまま宙を見つめるご婦人がいたので声をかけてみる。

「冬芽の勉強をしているところなんですよ」。幼木を指差し、赤い枝色、二つ並ぶ毛深い冬芽、くの字に曲がる翼果《よくか》と呼ばれる種…と、見分けるポイントを挙げながら、ハウチワカエデであることを教えてくれた。

先を進むとコースの所々で子ブタの足先を思わせるハウチワカエデの冬芽が確認できた。中にはシカやトナカイなど動物の足を連想させる形もあり、私は数日前に18年の天寿を全うした愛犬の姿を重ねた。

「あら、このカエデの翼果、天使の翼みたいね」。いつの間にか追いついた婦人がつぶやいた。そうですね。愛犬が天使になって会いに来たのかな。婦人の言葉に、そんな思いが頭の中をよぎった。

盃木耳

サカズキキクラゲ

雪の中輝く「トパーズ」

キクラゲ科
Exidia recisa

銀色に輝く雪の中にキクラゲの姿を見つけた。太陽の反射光を受けて透過するその姿は宝石のブラウントパーズを思わせ、カメラのファインダー越しに見るとそこだけ宝石店のショーケースのように見えた。

キノコ師匠に写真を見てもらい、サカズキキクラゲという名のキノコであることを教わった。「可食」とのことだが、本家のキクラゲのように群生する様子はなく、直径12ミリとサイズも小さい。今の季節、十分に味わうだけの量を集めるには、相当根気よく探す必要があるだろう。見て楽しむ方が賢明だ。

そう言えば、輝く雪の中で見た「トパーズ」の名は、ギリシャ語で「探し求める」を意味する「トパゾス」に由来すると聞く。なるほど、季節外れのキノコがトパーズに見えたのは、そういう理由だったのか。

跋扈柳

気ままにはびこる新芽

バッコヤナギ

ヤナギ科

Salix caprea

バッコとは日本語らしからぬ音をもつ名である。ベコ（牛）やビャッコ（白狐）がなまったなど諸説あるが、漢字では「跋扈《ばっこ》」の2字が当てられる。「跋」は越える、「扈」は魚を獲る竹ヤナの意で、魚が籠を越えて跳ねる様が転じて、勝手気ままに振る舞うこと、のさばりはびこること、と辞書にある。勝手気ままなのはネコの得意とするところだが、のさばるネコとなると路地裏のボスネコくらいか。

そういえば子供のころ、ヤナギ爆弾と呼んでいた遊びがあった。土手にヤナギの若木を植えるだけの単純な遊びだ。土手管理のおじさんにすぐ刈られてしまうのだが、翌年そのヤナギの根元からは次々と新芽が生え、おじさんを困らすのだ。縦横にはびこる様子はまさに跋扈。なるほど、この辺りが名前の由来かな。

橅 ブナ

ブナ科 *Fagus crenata*

森の女王の別名も

ヨーロッパでは神話も多く、森の女王などという別名もあるブナの仲間だが、日本ではブナの木にまつわる逸話はほとんどない…いや、一つ思い出した。ブナ林があっておいしい米がとれるところには、必ずうまい日本酒がある。今は亡き私のお酒の師匠の言葉だ。

小浜菊 コハマギク

キク科 *Chrysanthemum yezoense*

岩、石垣…あちこちに

海辺の岩の上に咲くコハマギク。いや、ようやく咲いたところに突然寒気が流れ込み、枯れる間もなく冷凍保存された…そんな姿である。登山道の石垣や、車道沿いの防護壁、山中の要塞《ようさい》跡など日光で温まった人工物を利用し、真冬になるぎりぎりまで花を添える。

蔓梅擬

ツルウメモドキ

Celastrus orbiculatus var. orbiculatus

ニシキギ科

連想呼ぶ赤い彩り

若葉と同色の目立たない花色からは容易に想像できないほど、実の彩りは見事だ。ウメモドキに似たツル性の植物であることからこの名がついたそうが、両者に共通する花の後にできる赤い実は、梅の花を連想させるのに十分だ。

杉

スギ

Cryptomeria japonica

スギ科

神様のはしご 空へ空へ

新潟県上越市で、豪雪の重みで根元が90度近く曲がったスギの森を見た。古くは神様が天上界と地上界を行き来するために使うと信じられたスギの木。空に向かって伸びるスギの巨木は、神様の世界へと続くはしごのように見えたのを覚えている。

孔雀羊歯

クジャクシダ

イノモトソウ科
Adiantum pedatum

一年を通して七変化

立ち枯れしたまま冬を越したクジャクシダに出合った。葉の広がる様子が、羽を広げるクジャクの姿を連想させることから名付けられたという。薄紅色から新緑、深緑を経て紅葉へと一年を通して七変化するその姿は、クジャクの美しさに負けていない。

エゾニュウ

セリ科
Angelica ursina

けなげに春待つ立ち姿

立ち枯れたまま風雪に耐えるエゾニュウの姿が、厳しい雪の中でじっと春を待つ寒立馬《かんだちめ》の姿と重なる。たてがみに雪が積もっても、振り払うそぶりさえ見せない寒立馬と、雪が積もってもなお立ち続けようとするエゾニュウ。ともにその健気な姿は心に響く。

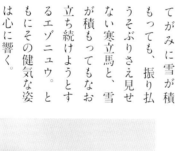

水楢

ミズナラ

稜、髄、若葉「5」の支配

Quercus crispula var. crispula　ブナ科

時に植物は数字に支配される。例えば函館山で春を彩るエンレイソウは、葉も花も萼片《がくへん》も、その数は3が基本。ミズナラを支配する5の数字は、冬芽の稜《りょう》、星型の髄、若葉が5枚出るところで確認できる。積雪から飛び出す目の前の5本の枝は偶然だろうが。

犬蓬

イヌヨモギ

小さな花 遠慮がちに

Artemisia keiskeana　キク科

イヌヨモギの小さなつぼみをひそかに「緑のしずく」と呼んでいる。「しずく」は徐々に大きくなり、先端がほころんだかと思うと1ミリにも満たない数輪の黄色い小さな花を遠慮がちに咲かせる。小さすぎて興味を持つ人は少なく、秋の紅葉でやっと気づいてもらえる。

楤木

タラノキ

ウコギ科 *Aralia elata*

子宝願ってたたく風習

九州では、小正月にタラノキの棒で嫁のお尻をたたく風習があった。子宝や豊穣《ほうじょう》を祈願する風習らしいが、地域によって家の柱や庭、荷馬車、俵など、たたく対象も異なったそうだ。なにせこのトゲトゲである、たたかれた昔のご婦人も災難だったなぁ。

山薄荷

ヤマハッカ

シソ科 *Isodon inflexus*

花になりすます抜け殻

ヤマハッカの花の「抜け殻」に出合った。その姿は三分咲き、五部咲き、七部咲き、満開という具合に、成長過程を一枚にまとめた連続写真のようでもある。抜け殻の正体は「萼《がく》」。わずか2、3ミリのサイズだが、花の種類を同定するのに大いに役立ってくれる。

両面羊歯

リョウメンシダ

オシダ科 *Arachniodes standishii*

裏も表もない「正直者」

「両面」の名の通り、葉の表も裏も見た目はほぼ同じ。ゆえに「両面」の名がついたそうだが、裏も表もないなんて、花言葉をつけるならずばり「正直者」だろう。やや湿ったスギ林の林床を好むというが、函館山でもセオリー通り育つ。まったく正直なやつだ。

猫柳

ネコヤナギ

ヤナギ科 *Salix gracilistyla var. gracilistyla*

日だまりに背を丸め

よくぞこんなピッタリな名前を付けたものだ。猫背を思わせる形には日当たりが関係していて、日の当たるあたる南側だけが、丸めた子猫の背のように膨らみ、点々と紅色の葯《やく》をのぞかせる。日だまりとネコの相性がいいのは、ヤナギの世界でも同じようだ。

小繁縷

コハコベ

ナデシコ科
Stellaria media

朝型ならではの異名も

春一番の花を確認してから1週間、足元に咲くコハコベの花に目が行く。雑草などと呼ばれることがある一方、朝日があたると花が開くことから「朝しらげ（朝＋開け）」という異名も持つ。夜明けと知りつつ、二度寝を決め込んだ今朝の自分を恥じる年度末。

谷空木

タニウツギ

スイカズラ科
Weigela hortensis

果実の殻はマンサク似

ノリ、ミツバ、タニ。なにやら料理のレシピのようだが、それぞれの名前の後には樹木名「ウツギ」の3文字がつく。普段は素通りしてしまうタニウツギの果実殻に目が留まったのは、登山口に向かう途中で見かけたマンサクの花のシルエットに似ていたせいか。

函館山周辺の海辺

津軽海峡の向こうに青森県・下北半島を望む立待岬先端部

函館山は、山であると同時に"島"でもある。三方には海が迫り、海辺の環境に適応した植物もちらほらと確認できる。観光スポットとして知られる立待岬はハマナスの植えられた広場になっており、フェンスの外を注意深く観察するとラセイタソウ、エゾヒナノウスツボ、マルバトウキなどの花が点在していることに気がつくだろう。季節によってエゾフウロ、エゾカワラナデシコ、ヒメヤブランなどの姿も見られるが、一番のお勧めは夏の訪れを知らせるエゾカンゾウの花。広場のフェンス越しに崖下の海をのぞき込めば、紺碧《こんぺき》の海をバックに風に揺れながら崖を覆う黄色い花が楽しめ、双眼鏡を用意すれば波打ち際の岩の上にエゾスカシユリの姿も確認できる。一方、函館山北面の海辺には小さな海水浴場があり、周辺では定着こそしていないがハマエンドウ、ハマベンケイソウ、ハマニンニク、ハマダイコンなど、いかにも海にゆかりのありそうな名を持つ植物に出合える。

立待岬周辺で見られるハマナス（左）とエゾカンゾウの群落

道道立待岬函館停車場線《どうどうたちまちみさきはこだてていしゃばせん》

自動車で山頂まで行くには通称・観光道路の道道を使って

一般に「観光道路」とも呼ばれるこの道は、登山口の駐車場から山頂まで約4㌔を結ぶ舗装道路である。自動車が唯一通行できる道路で、ほぼ自動車のための道ではあるが、早春にはフクジュソウ、ワサビ、エゾキケマンのほか、赤みの強いフキノトウが確認でき、路肩の雪がほとんど消える頃には、アズマイチゲ、ヒメイチゲ、チゴユリ、シウリザクラといった春の花が順次咲き出す。その後、山は夏のステージへと移りながらササバギンラン、コケイラン、エゾスズラン、トンボソウなど花の種類を増やしていき、８月早々にはジャコウソウ、オヤマボクチ、エゾヤマハギなど、市街地よりも一足早く秋の花を付け始める。ナニワズ、シモツケ、チョウセンゴミシなど、他のコースではほとんど見られない花も多く、ある年にだけ現れてはその後全く姿を見せなくなる花もあり、植物たち自らがさらなる適地を探し求めて挑戦を続ける最前線にも思えるルートである。観光シーズンは日中でも車の往来が多いので、散策する際には常に車に注意を払いたい。

登山コースが道道を横切る箇所がいくつかあり、注意が必要

道道の道端でもエゾノキリンソウなど多彩な花が観察できる

函館山登山コース紹介Ⅳ

10 薬師山コース　640メートル

花以外の見どころも多い脇道

旧登山道コースの４合目手前から薬師山へと向かうルート。早春のフクジュソウに始まり、エビネ、ヒメイチゲ、ベニバナイチヤクソウと推移し、夏を呼ぶエゾカンゾウが咲くと、アクシバ、ホツツジ、エゾアジサイ、トンボソウなど一気に夏の花に入れ替わる。秋風が吹き始めるとダイモンジソウが咲き出し、前後してタマゴタケ、フユノハナワラビといったキノコやシダも現れる。街を見下ろすビュースポット、要塞《ようさい》施設第１号の薬師山砲台跡など見どころもいっぱい。平均勾配は7.1度だが、終盤の急な階段までは緩やかな傾斜が続く。

11 観音コース　1,120メートル

寺起点に北山麓からの一本道

函館山の北側から登り、つつじ山駐車場までをつなぐルート。起点が称名寺の境内にあるので初めて登るときには戸惑うが、４月下旬にはカタクリと青花のキクザキイチゲが咲き競うのでぜひチャレンジを。以降、ヤマシャクヤク、コケイラン、エゾスズラン、ツルリンドウなど、順次季節の花が咲き、夏の終わりごろからアキノギンリョウソウに高確率で出合うことができる。平均勾配は9.7度、街から起点までも登りが続き、終始細い一本道なので体力を温存しながら登るのがベスト。途中で２カ所自動車道を渡るのでご注意を。

12 御殿山コース　250メートル

山頂へのラストスパートは階段道

つつじ山駐車場から展望台のある御殿山山頂へと至るルート。整備された階段道だが注意深く道の脇を見るとヒメイズイ、カワラナデシコ、イヌゴマ、マタタビ、ツルウメモドキ、マユミ、ナンバンハコベ、オヤマボクチなど常に花があることに気づくはず。起点の駐車場脇ではカセンソウ、ナガボノワレモコウも見られ、日当たりの良い石垣を利用してエゾノキリンソウ、コハマギクも咲いている。山頂を目前にしてはやる気持ちを抑えつつ、しっかりと観察を。平均勾配は9.2度。１カ所だけやや見通しの悪い車道を渡るので注意。

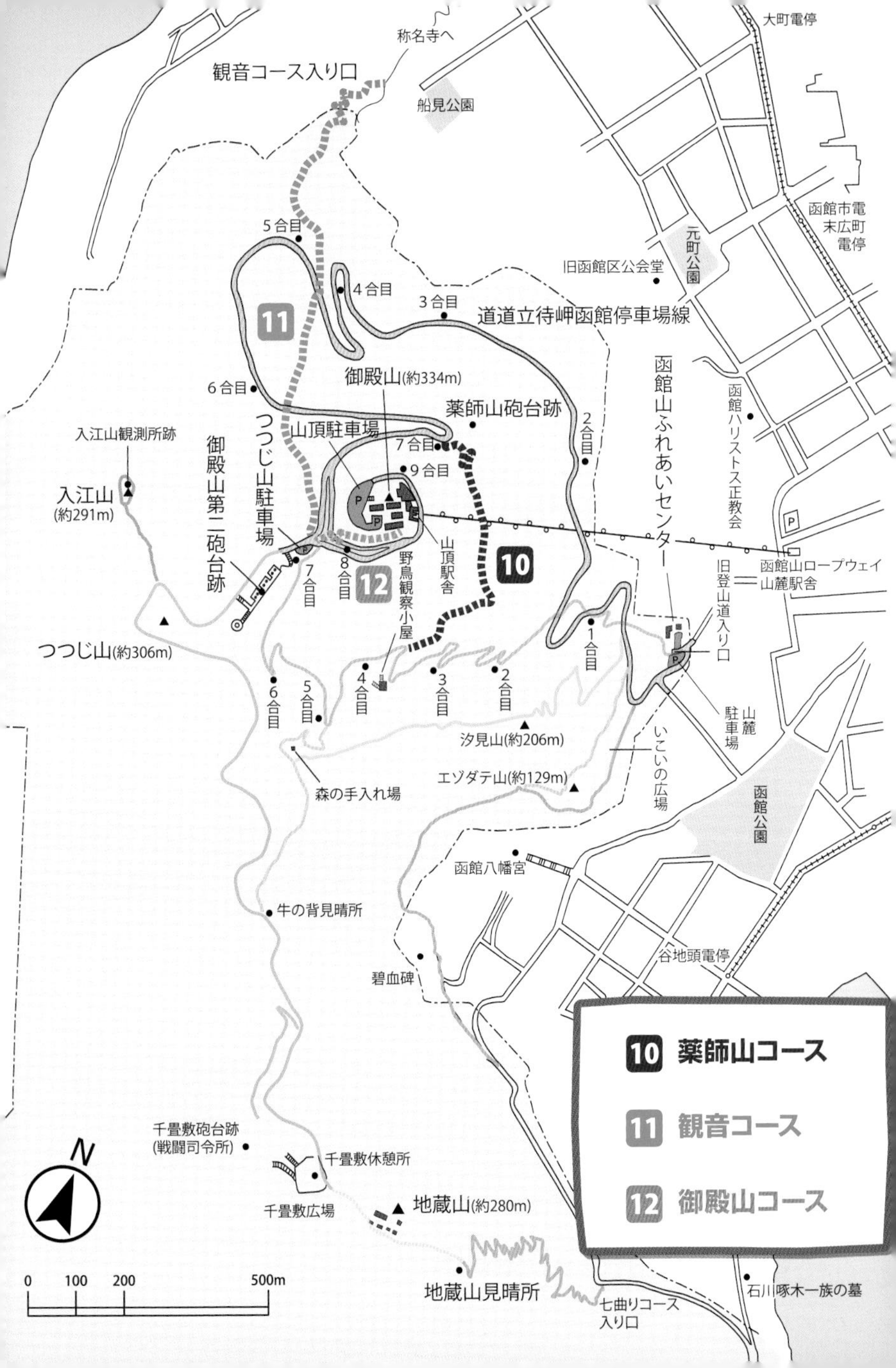
称名寺へ
観音コース入り口
船見公園
大町電停
函館市電
末広町
電停
元町公園
旧函館区公会堂
5合目
4合目
3合目
道道立待岬函館停車場線
11
御殿山(約334m)
6合目
薬師山砲台跡
2合目
函館山ふれあいセンター
函館ハリストス正教会
入江山観測所跡
山頂駐車場
7合目
9合目
つつじ山駐車場
御殿山第二砲台跡
入江山
(約291m)
山頂駅舎
10
野鳥観察小屋
8合目
12
7合目
函館山ロープウェイ
山麓駅舎
旧登山道入り口
1合目
つつじ山(約306m)
6合目
5合目
4合目
3合目
2合目
山麓駐車場
汐見山(約206m)
いこいの広場
森の手入れ場
エゾダテ山(約129m)
函館公園
函館八幡宮
牛の背見晴所
谷地頭電停
碧血碑
10 薬師山コース
11 観音コース
12 御殿山コース
千畳敷砲台跡
(戦闘司令所)
N
千畳敷休憩所
千畳敷広場
地蔵山(約280m)
0
100
200
500m
地蔵山見晴所
七曲りコース
入り口
石川啄木一族の墓

函館山登山コース紹介Ⅲ

7 地蔵山コース　420メートル

山の上のなだらかな森歩き

　七曲りコースを登りきった地蔵山見晴所から千畳敷広場へと続くルート。地蔵山の上に広がるカシワの林内を通る緩やかなコースで平均勾配は 4.4 度。林床を覆うささやぶの中にはヤマシャクヤクが点在し、やぶが途切れる辺りで不意に鉄塔が現れる。違和感のある光景だが、運がいいと鉄塔から滑空するハヤブサの姿が見られる。春が深まると、工事によって持ち込まれたハルザキヤマガラシが除去作業の努力むなしく咲き誇るが、在来の植物も負けてはいない。日当たりの良い場所ではノビネチドリが点在する姿を確認できる。

8 千畳敷コース　2,360メートル

眺めの良い稜線ウオーク

　千畳敷広場からほぼ水平に移動するコースと、広場の上の丘から進むコースの２ルートがあるが、いずれも稜線《りょうせん》からの眺望が楽しめるコース。初夏の丘の上ではツレサギソウ、ハクサンチドリ、ミヤコグサ、キリンソウ、ハマフウロなど色とりどりの花が楽しめるだけでなく、軍事要塞《ようさい》時代に戦闘司令所として利用されていた遺構を見ることもできる。コース後半は函館山の西側を通るルートで、チゴユリ、クサフジ、ナンバンハコベ、オカトラノオ、クサギ、キクタニギクなど、雪が降るまで多彩な花が楽しめる。平均勾配 1.1 度。

9 入江山コース　340メートル

海に突き出た一本道

　千畳敷コースの途中にある寄り道コース。函館湾に張り出した入江山の山頂へと続くルートで、終点の入江山観測所跡からの眺めはぜひ見てほしい景色のひとつ。オオバスノキ、ホタルサイコ、トウゲブキ、クサボタンなど春以降花が絶えず、函館版秋の七草のうちの６種（ススキ、ヤマハギ、エゾカワラナデシコ、オミナエシ、ヒヨドリバナ、ツリガネニンジン）の花を一度に見ることができるお得感のあるコース。真冬には遺構の中にできる氷筍《ひょうじゅん》を見るために訪れる人も少なくない。

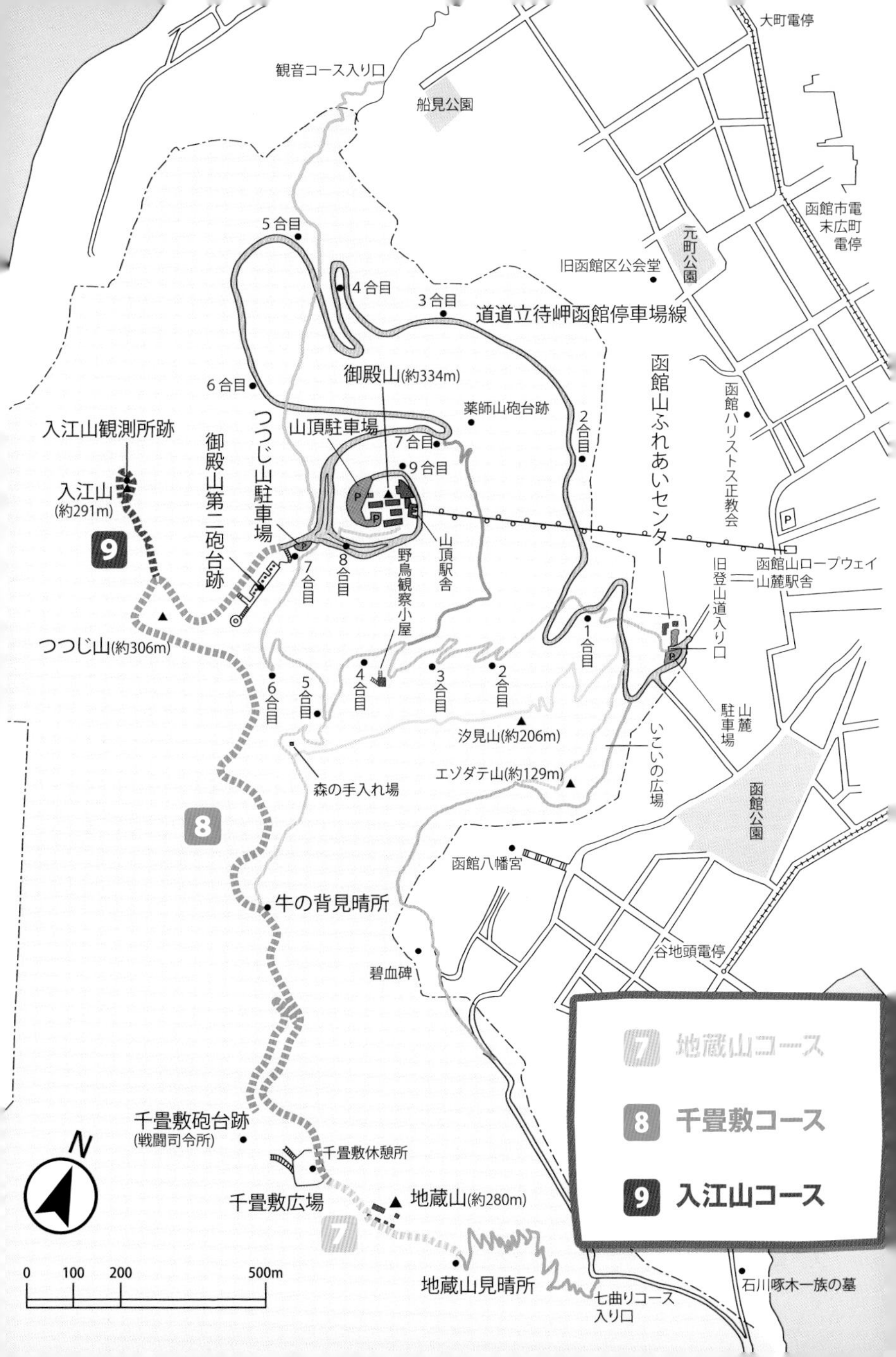

大町電停
観音コース入り口
船見公園
函館市電
末広町
電停
元町公園
旧函館区公会堂
5合目
4合目
3合目
道道立待岬函館停車場線
6合目
御殿山(約334m)
函館山ふれあいセンター
薬師山砲台跡
2合目
函館ハリストス正教会
入江山観測所跡
山頂駐車場
7合目
9合目
御殿山第二砲台跡
つつじ山駐車場
入江山
(約291m)
9
山頂駅舎
8合目
7合目
野鳥観察小屋
函館山ロープウェイ
山麓駅舎
旧登山道入り口
つつじ山(約306m)
1合目
4合目
3合目
2合目
6合目
5合目
山麓駐車場
汐見山(約206m)
いこいの広場
森の手入れ場
エゾダテ山(約129m)
8
函館公園
函館八幡宮
牛の背見晴所
谷地頭電停
碧血碑
7 地蔵山コース
8 千畳敷コース
9 入江山コース
千畳敷砲台跡
(戦闘司令所)
N
千畳敷休憩所
千畳敷広場
地蔵山(約280m)
7
0
100
200
500m
地蔵山見晴所
七曲りコース
入り口
石川啄木一族の墓

函館山登山コース紹介Ⅱ

4 宮の森コース　1,200メートル

のんびりゆったり森林浴

木道とスギ林の中を行く道で構成されるこのルートは平均勾配 1.9 度とほぼ平たんで「森歩き」という表現がぴったりだ。コース前半の木道周辺は雪解けが早く、立春の前からヤマネコノメソウの花が見られる年も珍しくない。ムラサキケマン、ヒカゲスミレ、ヒトリシズカ、シロキツネノサカズキモドキなど春先から多彩な顔ぶれでにぎわい、分布が限られるコジマエンレイソウも間近で見ることができる。さらにスギ林を進めばニリンソウ、エゾエンゴサクの花畑、ホウチャクソウの群落、オクトリカブトなどが季節によって楽しめる。

5 エゾダテ山コース　410メートル

函館山の最低峰

立ち入り可能な山の中では一番低い頂（129メートル）を持つエゾダテ山を登るルート。平均勾配 11.8 度は全コース内で最大だが、急なのはピーク前後のみ。コース中盤までは緩やかな勾配が続き、オオバクロモジ、ウラシマソウ、ムラサキシキブ、ツリバナ、マタタビ、イケマ、ツルニンジン、オトコエシ、サワシバ、ジャコウソウなど、短いコース内に季節の花々がギュッと詰め込まれている。ピークを越してやや急な階段を降りると、宮の森コースの木道に合流する。

6 七曲りコース　970メートル

健脚者向けのジグザクコース

宮の森コースの終点から車道を立待岬方面に 550メートルほど進むと七曲りコースの起点がある。終点の地蔵山見晴所までは高低差約 174メートル、右へ左へと 27 回ほどターンを繰り返しながらひたすら登りが続き、日頃の運動不足を悔いる人も少なくない。スミレサイシン、シラネアオイ、ウラシマソウ、ヤマシャクヤク、クルマユリ、ルイヨウボタン、ホソバノアマナ、クモキリソウ、エゾタツナミソウなど、季節折々の花を楽しみつつ、こまめに水分補給しながらのんびり登りたい。

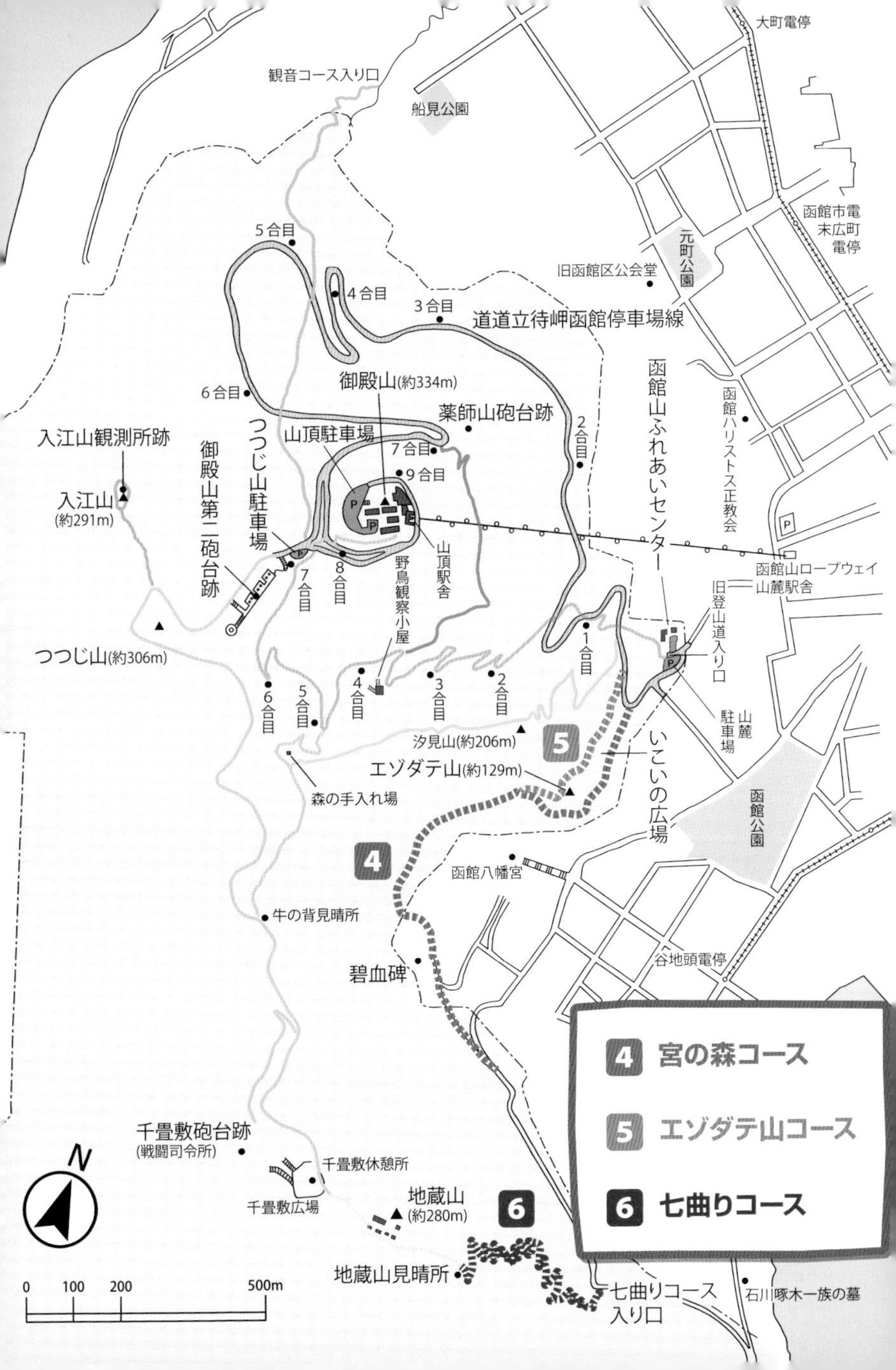
大町電停
観音コース入り口
船見公園
函館市電
末広町
電停
元町公園
旧函館区公会堂
5合目
4合目
3合目
道道立待岬函館停車場線
6合目
御殿山(約334m)
薬師山砲台跡
函館山ふれあいセンター
函館ハリストス正教会
入江山観測所跡
山頂駐車場
7合目
9合目
2合目
つつじ山駐車場
御殿山第二砲台跡
入江山
(約291m)
7合目
8合目
野鳥観察小屋
山頂駅舎
函館山ロープウェイ
山麓駅舎
旧登山道入り口
1合目
つつじ山(約306m)
6合目
5合目
4合目
3合目
2合目
山麓駐車場
汐見山(約206m)
5
いこいの広場
エゾダテ山(約129m)
森の手入れ場
函館公園
4
函館八幡宮
牛の背見晴所
谷地頭電停
碧血碑
4 宮の森コース
5 エゾダテ山コース
6 七曲りコース
千畳敷砲台跡
(戦闘司令所)
N
千畳敷休憩所
千畳敷広場
地蔵山
(約280m)
6
地蔵山見晴所
0
100
200
500m
七曲りコース
入り口
石川啄木一族の墓

函館山登山コース紹介Ⅰ

1 旧登山道コース・つつじ山ルート　1,980メートル

最もポピュラーなルート

スタート地点の「函館山ふれあいセンター」からロープウエー駅のある山頂方面へ向かう最も一般的なルート。市内の園児たちが遠足で訪れることからも分かるように、老若男女が日常的に利用するコースである。道幅も広くて歩きやすく、春季のレンプクソウ、スミレサイシン、エゾヤマツツジ、夏季のコンロンソウ、コウライテンナンショウ、オオウバユリ、秋季のエゾノコンギク、エゾゴマナなど常に野の花が見られる。広葉樹も多く、冬季には色々な樹木の冬芽観察も楽しめる、花好きにとっては年中無休のコース。平均勾配 6.3 度。

2 旧登山道コース・千畳敷ルート　1,960メートル

頂上よりも花が見たい人向き

5合目まで❶と共通、以降は南側の千畳敷方面に向かうルート。水元山の沢沿いを通るコースで、サワアザミ、アカバナ、ミツバベンケイソウ、オオヒナノウスツボなど、水がさっと流れるような場所を好む草花が多く見られる。オニシモツケ、ヒヨクソウ、ヨツバヒヨドリ、オニノヤガラなど、夏場は特に花の種類が多くなり、つつじ山ルートとは花の構成が異なる。平均勾配 5.7 度。

3 汐見山コース　1,030メートル

一気に高度を稼ぐ急斜面の山行

ゴールデンウイークの前後、シラネアオイ、ツバメオモト、コキンバイなど春二番の花々を堪能できるコース。スタート直後に長い登りが続くせいか、平均勾配 7.9 度という数字以上にきつさを感じる。一方、ワニグチソウ、イチヤクソウ、ヒヨドリバナ、オヤマボクチなど季節ごとに楽しめる花も多く、立ち止まることも多いので、必ずしも健脚者向きというわけではない。アカゲラ、アサギマダラなど生き物に出合うことも多いので、のんびりと休み休み歩くのがお薦め。

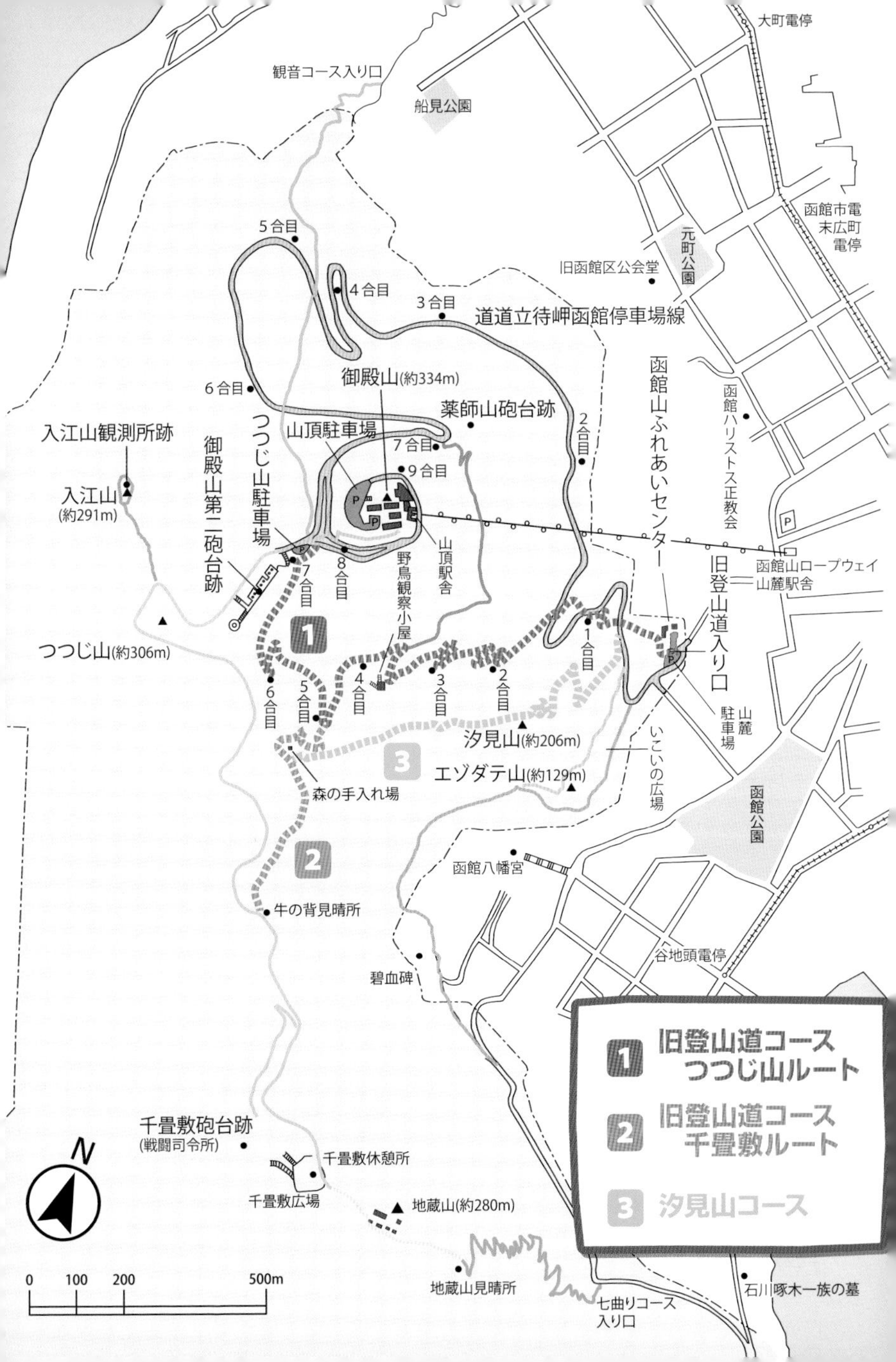

大町電停
観音コース入り口
船見公園
函館市電
末広町
電停
元町公園
旧函館区公会堂
5合目
4合目
3合目
道道立待岬函館停車場線
函館山ふれあいセンター
函館ハリストス正教会
御殿山(約334m)
6合目
薬師山砲台跡
2合目
山頂駐車場
7合目
9合目
入江山観測所跡
入江山
(約291m)
御殿山第二砲台跡
つつじ山駐車場
山頂駅舎
野鳥観察小屋
8合目
7合目
函館山ロープウェイ
山麓駅舎
旧登山道入り口
1合目
つつじ山(約306m)
6合目
5合目
4合目
3合目
2合目
山麓駐車場
汐見山(約206m)
エゾダテ山(約129m)
森の手入れ場
いこいの広場
函館公園
函館八幡宮
牛の背見晴所
谷地頭電停
碧血碑
千畳敷砲台跡
(戦闘司令所)
千畳敷休憩所
千畳敷広場
地蔵山(約280m)
地蔵山見晴所
七曲りコース
入り口
石川啄木一族の墓
N
0
100
200
500m
1 旧登山道コース つつじ山ルート
2 旧登山道コース 千畳敷ルート
3 汐見山コース

登山道から函館市街を望む

は想像に難くない。実際、函館市を含む渡島半島一帯は、木本と草本ともに東北地方北部との共通種が濃厚な地域で、植物分布の北限とされるものと、南限とされるものが混在する北と南の緩衝地的なエリアである。その中にあって函館山は、津軽海峡に突き出す形で存在し、海から適度に湿度と熱を供給される恵まれた環境にあることが多くの植物を育むこととなった。

また、こうした地勢的な特徴に加え、人の手による働きも函館山の自然には少なからず影響を与えた。1898 年（明治 31 年）からおよそ半世紀の間、軍の要塞化にともない函館山は大部分が立ち入りを禁じられ、結果として植物の乱伐・乱獲から免れて植生が維持されることにつながった。全国各地から運び込まれた軍の物資と一緒に、本来は存在しなかった植物が持ち込まれた可能性も高く、同様のことは 1800 年代初頭に行われた大規模な植林事業や、同時期に行われた「箱館山西国移土三十三観音」分霊場づくりにおいても起こっていただろう。多彩な表情を見せる函館山の自然環境は、こうしたいくつかの条件が重なって誕生し、育まれてきたのである。北と南の植物が出合う奇跡の山、それが函館山である。

山頂に立つブラキストンの功績をたたえる碑

函館山のあらましと植物

標高333.8メートル（三角点）、周囲約9.5キロ。1980年に発行された函館市史で函館山はこう紹介されている。最高峰の御殿山をはじめ、つつじ山（306メートル）、八幡山（295メートル）、入江山（291メートル）、牛の背山（288メートル）、地蔵山（286メートル）、水元山（280メートル）、観音山（265メートル）、薬師山（252メートル）、千畳敷（250メートル）、汐見山（206メートル）、エゾダテ山（129メートル）、鞍掛山（113メートル）と、13の峰に名前が付けられているが、その中に「函館山」の名は見当たらず、これらの山々を総じて函館山と呼んでいることを知らない市民も少なくない。

日本百低山の一つにも選ばれているコンパクトな山ではあるが、植物相は実に豊かだ。1959年に出版された『函館山植物誌』（菅原繁蔵・小松泰造）には、シダ植物以上の高等植物だけで647種の植物が紹介され、2016年に函館植物研究会がまとめた記念誌には「函館山維管束植物目録」として755種の植物名が紹介されている。国内に自生する植物の十分の一、北海道内の三分の一強がこの小さな丘陵地に集まっていることは、ある意味で奇跡的なことだと言えるだろう。

この特異性の理由を考える時に欠かせないキーワードが、幕末から明治期にかけ日本に滞在した英国人の動物学者トーマス・ライト・ブラキストンが唱えた動物分布境界線「ブラキストンライン」である。その直下に位置する函館山。鳥や動物でさえ自由に行き来できなかった津軽海峡が、植物にとっても大きな壁であったこと

特徴的で豊かな自然が残る函館山の登山道

さくいん

主な参考図書

梅沢俊　『新北海道の花』　北海道大学出版会　2007
梅沢俊　『北海道の草花』北海道新聞社　2018
梅沢俊　『北海道のシダ入門図鑑』　北海道大学出版会　2015
佐藤孝夫　『新版北海道樹木図鑑［増補版］』　亜璃西社　2006
栗田子朗　『折節の花』　静岡新聞社　2003
柳宗民　『柳宗民の雑草ノオト』　毎日新聞社　2002
柳宗民　『柳宗民の雑草ノオト②』　毎日新聞社　2004
福岡イト子　『アイヌ植物誌』　草風館　1995
松本泰和　『新しい見方による草木名の語源さがし』　文芸社　2020
本多郁夫　『知るほどに楽しい植物観察図鑑』　橋本確文堂　2007
本多郁夫　『植物生態観察図鑑　おどろき編』　全国農村教育協会　2014
藤井久子『知りたい会いたい　特徴がよくわかるコケ図鑑』　家の光協会　2017
更科源蔵・更科光　『コタン生物記Ⅰ』　法政大学出版局　1976
神奈川県植物誌調査会編　『神奈川県植物誌 2001』　神奈川県立生命の星・地球博物館　2001
北村四郎　『原色日本植物図鑑（上・中・下）』　保育社　1957～64
ロレイン・ハリソン（上原ゆうこ 訳）『ヴィジュアル版 植物ラテン語辞典』　原書房　2014
鈴木牧之 編撰 / 岡田武松 校訂　『北越雪譜』　岩波文庫　1936
知里幸惠　『アイヌ神謡集』　岩波文庫　1978
イザベラ・バード　『日本奥地紀行』　平凡社ライブラリー　2000

松本泰和　『木の名　草の名　語源さがし』　＜私家版＞　2007
松本泰和　『続木の名　草の名　語源さがし』　＜私家版＞　2013
松本泰和　『続々木の名　草の名　語源さがし』　＜私家版＞　2015
菅原繁蔵・小松泰造　『函館山植物誌』＜私家版＞　1959
函館植物研究会編　『函館植物研究会 600 回達成記念誌』＜私家版＞　2016

＊

上記のほか、函館植物研究会の宗像英明会長、函館キノコの会の石垣充一会長による定期刊行物と講演資料も参考にしました。

著者プロフィル

藤島　斉（ふじしま ひとし）

1969年、埼玉県生まれ。ライター、編集者、エッセイスト。95年よりフリーランスのライターとして活動を開始。旅、自然、環境などをメインのテーマに雑誌、新聞、書籍、ウエブなどの記事を執筆する一方、編集者として各種メディアの制作・編集に携わる。2008年より函館に拠点を構え、14年3月に函館へ移住。道南、北東北の取材を行いながら情報を発信する一方、地元誌紙への寄稿や、文章や写真に関する講座の講師を務めるなど幅広く活動する。近年は函館山を中心に「花の案内人」としてガイドも務める。

カバー・本文デザイン　佐々木正男（佐々木デザイン事務所）

函館山《はこだてやま》 花《はな》しるべ

2021年4月29日　初版第1刷発行

著　者　藤島　斉

発行者　菅原　淳

発行所　北海道新聞社

〒060-8711　札幌市中央区大通西3丁目6
出版センター（編集）☎011・210・5742
（営業）☎011・210・5744

印刷所　中西印刷株式会社

製本所　石田製本株式会社

乱丁・落丁本は出版センター（営業）にご連絡ください。お取り換えいたします。

ISBN978-4-86721-024-6